天然浮石混凝土性能的试验研究与探讨

王海龙　申向东　著

·北 京·

内容提要

本书利用内蒙古地区丰富的天然浮石资源作为粗骨料，利用其轻质、高强、保温隔热功能强、耐久性能好、变形性能良好、结构效益好、经济性优良等突出优点，系统地对天然浮石混凝土的性能展开了深入的试验研究与探讨。

本书通过轻骨料混凝土、纤维轻骨料混凝土和碎石轻骨料混凝土的大量对比试验，结合工程应用实际情况，研究了它们的立方体抗压强度、轴心抗压强度、抗折强度、弹性模量等物理力学性能，以及抗碳化、抗渗性、氯离子渗透性、冻融循环作用下轻骨料混凝土的损伤机理等。本书提出开放系统下利用三向可控温的三温冻融循环试验机模拟内蒙古寒冷地区的温度环境和冻胀时间，得出天然浮石混凝土的温度传导规律和冻胀量发育情况。

本书可供建筑、水利、交通等工程技术人员和研究人员使用，也可供有关科研和工程设计人员参考。

图书在版编目（CIP）数据

天然浮石混凝土性能的试验研究与探讨/王海龙，申向东著. -- 北京 : 中国水利水电出版社，2017.6（2024.8重印）
ISBN 978-7-5170-5482-5

Ⅰ. ①天… Ⅱ. ①王… ②申… Ⅲ. ①浮岩一建筑材料一材料试验 Ⅳ. ①TU521

中国版本图书馆CIP数据核字(2017)第137289号

书　名	天然浮石混凝土性能的试验研究与探讨 TIANRAN FUSHI HUNNINGTU XINGNENG DE SHIYAN YANJIU YU TANTAO
作　者	王海龙　申向东　著
出版发行	中国水利水电出版社 （北京市海淀区玉渊潭南路1号D座　100038） 网址：www.waterpub.com.cn E-mail：sales@ waterpub.com.cn 电话：（010）68367658（营销中心）
经　售	北京科水图书销售中心（零售） 电话：（010）88383994、63202643、68545874 全国各地新华书店和相关出版物销售网点
排　版	北京智博尚书文化传媒有限公司
印　刷	三河市龙大印装有限公司
规　格	170mm×240mm　16开本　10.75印张　189千字
版　次	2018年1月第1版　2024年8月第3次印刷
印　数	0001—2000册
定　价	42.00元

前言 FOREWORD

本书利用天然浮石混凝土作为一种新型建筑材料具有轻质、高强、保温隔热功能强、耐久性能好、变形性能良好、结构效益好、经济性优良等突出优点，弥补了普通混凝土的诸多缺陷，成为当今绿色混凝土材料学科新的增长点。内蒙古农业大学王海龙和申向东组建的课题组以内蒙古地区丰富的天然浮石资源为研究对象对天然浮石混凝土展开了深入的试验研究与探讨。

本书通过对浮石的基本性质进行试验，检测其成分、表观形貌、物理力学性能等，为天然轻骨料的应用开发提供可靠的理论依据；本课题结合了纤维和轻骨料混凝土的优点，发挥各自的优良性能来增强和改善混凝土。通过在轻骨料混凝土中掺入聚丙烯纤维来提高轻骨料混凝土的韧性，解决轻骨料混凝土的脆性问题；通过在冻融循环试验，研究冻融循环对轻骨料混凝土强度、抗冻性的具体影响程度，并对不同掺量的纤维轻骨料混凝土在标准冻融环境和模拟实际环境下的抗冻性的影响效果进行系统地研究。

本书的主要研究成果如下：

（1）在早期性能研究中配制 LC30、LC25、LC20 的轻骨料混凝土，得出轻骨料混凝土的破坏形态；轻骨料混凝土棱柱体抗压强度与立方体抗压强度比值较普通混凝土略高，其值大致为 0.79 ~ 0.87，弹性模量较普通混凝土降低了 15% ~ 20% 左右。

（2）采用浮石轻骨料、选用粉煤灰包裹轻骨料技术，粉煤灰取代部分水泥（0%、20%、30%、40%、50%、60%、70%），分别进行了抗碳化试验、抗渗试验、氯离子渗透试验、pH 值测定以及粉煤灰混凝土的强度试验，得出不同粉煤灰掺量对轻骨料混凝土力学性能和耐久性能的影响规律。

（3）本书进行了纤维轻骨料混凝土和碎石取代部分骨料的轻骨料混凝土的

立方体抗压强度、轴心抗压强度、抗折强度和弹性模量等试验，分析了聚丙烯纤维、碎石对轻骨料混凝土的增强、增韧效果，以及对纤维增强轻骨料混凝土与碎石轻骨料混凝土的破坏形式进行对比。

（4）本书针对内蒙古寒冷地区自然环境（尤其是寒冷地区的水工建筑所处于饱水环境）的特点，研究了轻骨料混凝土在掺入聚丙烯纤维（0.6kg/m^3，0.9kg/m^3，1.2kg/m^3）后在抗冻性试验中耐久性特征，重点研究冻融循环作用对轻骨料混凝土强度、抗冻性的影响，得出轻骨料混凝土的力学性能随纤维体积率增加而提高，其抗折性能的提高较为明显；抗冻性能的规律为：碎石轻骨料混凝土抗冻性 < 轻骨料混凝土抗冻性 < 纤维轻骨料混凝土抗冻性，其中纤维掺量为 0.9kg/m^3 的轻骨料混凝土性能保持较好。

（5）本书通过纤维轻骨料混凝土试件在开放系统下的冻胀性能试验，研究了纤维轻骨料混凝土冻胀量的发育情况，分析了纤维轻骨料混凝土在冻结过程中温度变化特点及影响纤维轻骨料混凝土冻胀变化的原因。

本书得到了国家自然科学基金（51369023，51669026），内蒙古自然科学基金（2015MS056）的资助。

本书的成果在国家核心期刊及大型国际会议共发表学术论文 15 篇，被两大国际检索系统收录 3 篇，其中 SCI 1 篇，EI 2 篇。

全书由王海龙、申向东统稿。参加本项目研究人员有：内蒙古农业大学额日德木、刘瑾菡、张克、王培、王磊等。由于编者水平有限，对书中可能存在的不足和错误之处，敬请读者批评指正。

编　者

2017 年 5 月

目录 CONTENTS

第1章　绪　论

1.1　课题的提出和研究背景

在21世纪以至更长的时期内，混凝土材料仍是最主要的建筑材料，但是普通混凝土具有自重大、保温隔热性能差等缺点，影响了它在某些工程领域中的应用。随着现代土木工程结构日益朝着高耸、大跨、重载的方向发展，以及建造各种新型特种结构需求的增加，普通混凝土自重大的缺点也日益明显，限制了混凝土结构在高层建筑、大跨度桥梁、海洋浮式采油平台等结构物中的应用，因此发展轻集料混凝土就变得尤为乐观，但是目前现有的研究还未完全。

据初步估计，目前全世界每年生产的混凝土材料超过100亿吨，它不仅广泛地应用于工业与民用建筑、水工建筑和城市建设，而且还可以制成轨枕、电杆、压力管、地下工程、宇宙空间站及海洋开发用的各种构筑物。同时，它也是一系列大型现代化技术设施和国防工程不可缺少的材料[1]。

水工方面，近年混凝土耐久性调查总结报告中指出[2]：在我国三北地区即东北、华北和西北，水工混凝土的冻融破坏的工程中占有的比例相对较大。这些大型混凝土工程一般运行30年左右，有的甚至达不到20年，特别是接触盐碱性水的工程受冻害现象尤为严重。在这些工程中，东北和西北的水工混凝土受冻融破坏较华北的更严重。如果采用普通混凝土的部分结构，那么经十几年运行后就会发生冻融破坏而导致不能发挥作用。地处寒冷地区的水工混凝土建筑结构，包括闸房、护墙、厂房、桥梁、桥墩、路面等，接触了河水、水库收集的雨水或受深水作用的部分，也会遭到冻融破坏。

另外，除上述谈到的三北地区以外，我国长江北部、黄河以南的华中、中南地区每年也会有负温天气出现，尽管存在的时间较短，发生的频率较低，也有可能使得混凝土建筑物出现冻融损伤。因此关于水工混凝土结构的抗冻耐久性问题，是我国混凝土建筑结构中较为普遍，也是非常重要的问题[3]。

近年来，混凝土冻融破坏的研究引起国内外大多数混凝土研究学者和工程技术人员的高度重视，也开展了大量研究工作，其中对北方地区水工混凝土的抗冻性研究也得到了较快的发展。由于混凝土结构在冻融循环中的复杂性和较多的不确定性，时至今日，尚未发现公认的完全能够反应混凝土冻害的机理理论。但是在各种冻融破坏的研究机理假说中，较为显著的是包括 T. C. Powers 提出的静水压假说理论，以及 Powers 与 Helmuth 通过联合实验提出的渗透压假说理论。渗透压假说理论指出处于饱水状态的混凝土在受冻时，毛细孔壁同时承受了膨胀压力和渗透压力两种压力的作用，当这两种压力达到一定的极限，超过混凝土的抗拉强度时混凝土就会开裂[4]。

在反复冻融循环后，由于水分的不断进入，混凝土中的裂缝随着冻融出现互相贯通，致使强度逐渐降低，最后甚至可能完全丧失，使混凝土由表及里破坏，该假说很大程度上推动了混凝土材料抗冻耐久性的研究。

另外，我国大部地区属于寒冷或严寒地区，这些地区主要集中于西部和北部，同时这些地区又属于缺水或严重缺水地区，近些年来随着我国西部开发力度的加大，水利工程建设迅猛发展，水利设施得以逐步的完善。然而水利工程在发挥其功能的同时，随着使用年限的增加，水工混凝土也渐渐地出现破坏，而这些破坏主要集中于冻害。冻融破坏现象在北方地区水工建筑物上表现出逐渐加剧的态势。影响水工混凝土冻融的因素很多，要解决这一问题，就需要根据使用建筑物的地区特点，因地制宜地发展适合本地的水工混凝土材料。

随着冻融破坏现象被人们不断深入认识，很大程度上指导了混凝土抗冻耐久性研究以及抗冻性保护措施的进一步开展。科研人员提出了多种提高混凝土抗冻性的措施，如掺加超细矿物掺合料、控制混凝土水胶比、适当加入引气剂等，并且取得了一定的工程抗冻效果。然而，即使实施了抗冻设计，混凝土的结构并非绝对能够抵抗冻融作用，这些抗冻措施虽然在一定程度上能够减少混凝土表面破损、剥离、脱落等现象的出现，但混凝土内部结构的劣化、损伤趋势却依然存在。

从本质上讲，冻融循环作用是一个渐近、时变、周期性的传热传质过程，前面提到的各种冻害假说大多是从质量传输以及物质相变的角度来解释冻融破坏的机理，未能综合考虑冻融循环中热量传递过程。混凝土复杂的多相体结构以及由于其体积庞大造成温度传导过程中的滞后，均决定了冻融过程中结构温度场特有的分布、变化规律，各部位之间温度场变化的不均匀性将导致局部温度应力的产生。冻融作用是一个循环往复的过程，由此产生的冻融温度应力也将周期反复作用于混凝土结构本身。本文在此背景下，通过试验实测和模拟两种途径，研究混凝土结构的温度损伤随冻融循环过程的分布及变化规律，旨在从传热过程的角度分析、探讨混凝土冻融破坏的损伤机理，为进一步建立混凝土冻融耐久性劣化预测模型提供理论依据，具有重要的理论意义和深远的工程应用前景。

1.2 轻骨料混凝土结构抗冻性的研究现状

1.2.1 冻融循环作用下混凝土相关理论

目前有关混凝土冻融的研究工作主要包括混凝土冻融破坏机理的研究、提高混凝土抗冻性的措施和冻融耐久性劣化预测模型等方面。目前，各国学者对于混凝土冻融破坏机理的认识仍不完全一致，而且在前面学者研究成果的基础上又提出了一些新理论，如热弹性应力理论、低温腐蚀理论等，每一项新理论的出现都将进一步推动混凝土抗冻耐久性研究的发展，为完善混凝土结构的抗冻耐久性设计方法和防护措施提供理论依据。

1.2.2 混凝土抗冻耐久性的主要影响因素

混凝土的抗冻性与内部孔结构、水饱和程度、受冻龄期、混凝土的强度等因素有关，其中最主要的因素是孔结构[7]。而混凝土的孔结构及强度主要取决于其水胶比、有无外加剂、养护方法等。

1. 水胶比

孔结构是影响混凝土性能的重要因素，而孔结构中最简单且最重要的参数就是孔隙率。影响混凝土的孔隙率最直接的是水胶比、水胶比较大会使得混凝土浆体中毛细孔径变大，逐渐形成了连通的毛细孔体系，就会减少其自身的缓冲作用，而且会增加混凝土中可冻水的含量，使得混凝土具有较快的结冰速度，冻结后产生较大的膨胀压力，随着反复的冻融循环，混凝土内结构就会遭受破坏[8][3]。

2. 含气量

含气量是影响混凝土抗冻性的主要因素之一。目前引气剂在工程实际与室内试验研究中比较常见，也是提高混凝土抗冻性的一个非常重要而有效的措施。引气剂具有增水作用，它可以降低拌合水的表面张力和表面性能，使混凝土内部产生封闭气泡。这些气泡能使混凝土结冰时产生的膨胀压力得到缓解，保护混凝土不会遭到破坏，起到缓冲减压的作用。这些气泡也可以阻断与外界的通路，使水份不易浸入。

3. 混凝土的饱水状态

混凝土的受冻破坏与其所处的环境有关，也与其内部孔隙中饱水程度有关。普遍认为当含水量小于孔隙总体积的一定百分比时，就不会产生冻结膨胀压力，也被称为极限饱水度。但是当混凝土处于完全饱水状态下，其冻结冻胀压力最大。我们研究的水工混凝土主要处于含水量较大的环境中，饱水状态的程度较高[9][3][4]。

4. 骨料

骨料是混凝土中起骨架和支撑作用或填充作用的粒状松散材料。好的骨料能对混凝土的抗冻性有很大的帮助作用。并且骨料尺寸对受冻后的性能也有一定的影响，孔隙率较高的骨料对混凝土抗冻性较为有利。

5. 掺合料

在混凝土中用粉煤灰替代部分水泥，粉煤灰能吸收水泥水化生成的氢氧化钙而改善界面结构，同时能使混凝土的浆体结构比较致密，一方面能显著改善抗氯离子、硫酸盐侵蚀的能力，另一方面其密实性对提高混凝土抗冻性也十分有利[4]。

粉煤灰在国内外应用已有几十年的历史。最早研究粉煤灰在混凝土中应用的是美国加洲理工学院的 R. E. Davis，1933 年他首次发表了关于粉煤灰用于混凝土的研究报告。到 20 世纪五六十年代，粉煤灰作为一种工业废料，其活性性能被进一步研究和推广，不仅是为了节约水泥，更主要是为了改善和提高混凝土的性能。美国加洲大学 Mehta 教授指出，应用大掺量粉煤灰（或磨细矿渣），是今后混凝土技术进展最有效、最经济的途径[10]。

1.2.3 混凝土温度场及温度应力的研究

随着环境温度因素导致的工程病害问题大量出现，人们越来越意识到温度作用给工程结构带来的严重负面影响。近年来，国内外学者对温度问题作了大量理论、实验和数值分析研究。

1. 国外关于混凝土温度场及温度应力研究现状

早在20世纪30年代美国、前苏联就开展了此方面的有关研究。1934年，前苏联的马斯洛夫为解决水坝的温度应力问题，应用弹性力学理论得出在基岩上矩形平面墙体的温度应力计算公式。

郑晓燕[12]等分析了拱桥拱顶截面下缘开裂的原因，指出了传统温度应力计算方法在计算中的不足，提出了既考虑温度变化引起的外约束应力又考虑截面温差不同引起的内约束应力的改进方法，并推出温度自约束应力计算公式。通过实例比较了两种方法的差别，得出温度自约束应力等是不容忽视方面的结论。

陆培毅[13]等在采用有限元方法模拟基坑开挖过程中支护结构与土的相互作用的基础上，提出将温度场耦合到应力场中来分析基坑支护支撑温度效应。结合工程实例，采用修正剑桥弹塑性模型并考虑开挖过程模拟支撑温度效应，分析了不同施工阶段的温度变化对支撑温度应力的影响，指出支撑的温度应力应按照各种工况的最不利组合进行设计。

Frank Vecchio（1990）[14][3]对混凝土框架的温度应力进行了研究，得出的结论认为当混凝土经历热荷载的作用下会引起明显的变形，以及应力与裂缝，同时热应力引起的内力受结构刚度的影响很大。

K. van Breugel（1998）[15][3]根据试验，分析了混凝土在硬化期间，自身温度与龄期之间的变化关系，得出混凝土的温度变化和水化度有一定的关系，并且对不同混凝土材料进行实验，分析了水胶比、水化过程的温度对水化程度的影响，在此基础上提出控制混凝土温度变化的相关措施。

M. Emborg（1998）[16][3]详细地探讨了混凝土硬化期间的抗压强度以及抗拉强度和线性膨胀系数，利用数学模型详细分析了计算这些参数，重点研究了早龄期的混凝土所具有的徐变变形性质，提出了一个包括温度变形和收缩变形以及粘弹性与断裂变形的混凝土的计算模型。

T. Tanabe（1998）[17][3]对实测的温度应力进行了研究，对实测的温度场与应力场进行了比较和分析。

S. Bemander（1998）[18]分析了温度裂缝成因，根据裂缝控制的原则，将影响裂缝发展的因素进行了对比分析，并根据相应的成因总结出裂缝控制措施[3]。

2. 国内关于混凝土温度场及温度应力研究现状

国内近几年来对混凝土温度场及温度应力的研究也取得了长足发展。朱伯芳[21-23]等人针对大体积的水工混凝土问题，对结构的温度应力以及裂缝控制方面进行了深入的研究，并对混凝土温度应力问题作了系统研究，提出了混凝土浇筑块、基础梁、重力坝、船坞、孔口、库水温度、寒潮、水管冷却等一系列计算方法，阐述和说明了混凝土温度应力发展的基本规律；在混凝土的徐变力学计算及分析的方法和应用方面，提出了徐变应力分析的隐式解法、简谐徐变应力分析的等效模量法和子结构法；针对混凝土坝分层施工，各层材料性质不同并随时间变化的特点，提出了并层算法和分区异步算法。其多数成果已纳入我国水工结构设计规范。

同济大学田敬学[24]利用结构温度变形约束系数的解析计算方法，演绎了有水冷却情况下，在边界上的有限元迭代方法，并且在上海外环线越江隧道的混凝土工程中进行了应用，提出了在温度作用下，基坑的围护结构中内力与变形方面的相关计算方法。王雍等[25]提出了用等效徐变的方法考虑弹性模量随龄期的变化，而且设置了虚实两种时间轴作为研究的方法，复杂过程借助 ADINA 软件模拟，对施工期混凝土的温度场和温度应力场进行计算[3]。

在地下室墙板混凝土的温度应力和裂缝开展的研究现状中，刘杰[26]对混凝土早期力学性能的实验展开研究，根据实际条件以及可能存在的荷载情况，探讨了地下室墙板温度场和温度应力的解析法以及有限元法的相关解法。

在超厚超长钢筋混凝土结构施工的温控技术基础上，认为温度收缩应力是混凝土结构裂缝产生的主要原因，并且提出相应的控制温度裂缝公式，提出了相关的施工技术措施[27][3]。

大面积混凝土（例如水工建筑物类的建筑物）在荷载作用下的应力计算情况，建立了三维应力求解模型，利用不同构筑物边界条件，可以推导出大面积混凝土在荷载作用下应力的近似解，有利于顺利地完成求解过程[29]。

在弹性地基板块的温度应力分析中运用了半解析元方法，而且将三维温度场和应力场的相关计算公式进行了相应的推导[28]。

为了建立适用于连续以及不连续温度场，文献[30]用刚体界面元法推导了求解温度场问题的方程，该算法建立了刚体界面元法来求解温度应力。

在弹性地基上的垂直和水平方向约束的混凝土结构提出了一种计算温度应力的近似解析方法，利用计算机程序分析板中温度应力随各种不同参数变化的规律，强调软土地基[31]，尤其是上海淤泥质土上基础板的非均匀温度场下的温度应力[4]。

清华大学对水工大体积混凝土的温度应力问题的研究。其中文献[34]根据大体积混凝土在施工中以分层和分块浇注为主的施工方法，制作了三维条件下有限元计算程序，并对混凝土热力学参数以及散热和吸热的边界条件的系统参数进行了分析，从而来计算大体积混凝土的温度场以及温度应力场。文献[35]针对碾压混凝土坝的成层结构特点，提出了碾压混凝土坝层合单元浮动仿真分析模型。文献[36]在引入水管冷却效应作为子结构单元来模拟，演绎了在有冷却管效应的条件下，混凝土结构温度场和应力场的三维有限元计算公式[4]。

1.3 我国天然轻骨料的形成及特性

在我国可利用的火山资源极其丰富，分布很广，尤其内蒙古地区。从已开采的 11 个火山群中查明储量约为 20 亿 m^3。还有 17 个火山群和吉林两个大火山群的大部分资源尚未统计在内。浮石、火山渣是我国资源量大且分布较广的一类非金属矿产，主要分布在东北、华北与华南地区。目前已经开始开发应用的有吉林辉南火山矿渣、安图园池浮石矿、黑龙江克东二克山浮石矿、内蒙古兰哈达浮石矿和海南浮石矿。仅黑龙江、吉林、山西、辽宁和内蒙等五省区按每年开采利用500万m^3计算，尚可开采100年，其开发应用潜力很大。

根据这些天然轻骨料的分布地区现状来看，其当地的天然石灰石等普通骨料来源都比较匮乏，而且处于我国北方地区，对于建筑物保温要求较高，因此这些地区也十分需要充分开发和利用这些轻骨料，如果每年利用500万m^3天然轻骨料，则可建新型节能住宅1000万m^2，这将对我国的建筑墙体材料改革和促进建筑业的技术进步发挥很大的作用[1]。

天然轻骨料因种类不同，性能有较大差异。浮石和火山渣因为产地的不同，差异较大。例如，长白山的浮石呈现浅灰色，其外表面及其内部1~3mm的圆形气孔极多，松散容重小，因表面粗糙，敞开气孔多，所以其筒压强度较低，吸水率也较大；吉林辉南的火山渣，大多为铁黑色，颗粒较小，圆至椭圆型气孔极多，故松散容重较大，吸水率较低，但因表面积不规则，棱角较多，所以其筒压强度也不高，蒙、晋、冀地区所储存的浮石多为褐红色的多孔结构材料（见图1.1），其孔隙和密度分布不匀，需要科学分选才能获得较一致的级配和稳定的性能。

图1.1　内蒙古锡林郭勒盟浮石轻骨料

1.3.1 天然轻骨料的开发和应用

我国是个能源相对短缺、土地资源严重不足的国家，虽然经过20多年的努力我国轻骨料的年产量早已超过200万m^3，品种也开始多样化，但其性能差异比较大。天然轻骨料过去给人的印象是容重变化大、强度较低、吸水率较高，这些结构与物理性能特点也为其大量推广应用带来一定的阻力。因此，在应用技术方面，我国与国外发达国家相比差距仍然较大，如日本1965年天然轻骨料产量达98万m^3，到1976年就发展为640万m^3；1990年后西德统一后简称德国1975年浮石产量就达到1000万m^3，占全部轻骨料用量的90%；在我国，无论是开发利用天然轻骨料的总量还是在轻骨料混凝土中占的比例都比较小，而我国又有丰富的天然轻骨料资源，这与我国的国情是不相称的。

造成上述情况的主要原因之一是目前我国的天然轻骨料应用技术水平落后，特别是在充分利用现代加工技术和复合技术方面，天然轻骨料的应用更为落后。对于我国分布广泛的天然轻骨料，其构成分布、组成结构和性能方面的差别为其优化应用带来了一定的困难，使得许多天然轻骨料在混凝土中的性能不能得到更好的发挥，其经济价值未能充分体现，也难以发挥人们对其充分利用的积极性。

为此，针对不同地区的天然轻骨料品种，深入系统地研究天然轻骨料及其应用技术，在掌握其结构特征和性能特点的基础上，开发其优化应用技术。对于充分开发天然资源和提高我国轻骨料混凝土的应用水平和应用规模均具有重要的现实意义。

1.3.2 轻骨料混凝土标准和规程的编制

1995年和2000年，在挪威的Sandefjord和Kristiansand分别召开了由挪威混凝土协会、美国混凝土协会（ACI）、国际结构混凝土联合会（FIB）联合资助的第一届、第二届国际结构轻骨料混凝土会议，共发表论文150多篇。这些国际会议代表了当今对结构轻骨料混凝土研究的最高水平和最新研究动向。国内于1980年开始至今，举行了八届全国轻集料及轻集料混凝土学术讨论会。

为保证我国轻骨料混凝土工程的“规范化”，我国轻骨料及轻骨料混凝土的

“标准”、“规程” 自 20 世纪 70 年代中期就着手编制，随着轻骨料及轻骨料混凝土在我国的发展，在生产和应用过程中，标准和规程已经修编，标准内容不断完善、标准质量不断提高，并与国际标准接轨。目前，有关轻骨料及轻骨料混凝土的标准与规程——《轻集料及其试验方法》（GB/T 17431. 1—2010），《轻集料混凝土小型空心砌块》（GBI 15229—2002），《轻骨料混凝土技术规程》（JGJ 51—2002），《轻骨料混凝土结构技术规程》（JGJ 12—2006），《轻骨料混凝土技术规程》（JGJ 51—2002）已配备齐全，标准和规程均在实施之中。

由此可见，目前我国在轻骨料混凝土应用方面，正朝着轻质、高强、多功能的方向发展。随着建筑节能、高层、抗震的综合要求，轻骨料混凝土的质量和掺量还远远不能满足建筑业高速发展的需要。提高轻骨料混凝土的质量，大力推广应用轻骨料混凝土，这是摆在所有技术人员面前的一项重要任务。

1.3.3 轻骨料混凝土分类及优点

轻骨料混凝土是主要采用轻质骨料，轻质骨料（即轻集料或轻骨料）主要有天然轻骨料（如浮石、火山渣等），人造轻骨料（如膨胀珍珠岩、页岩陶粒、粘土陶粒等）和工业废料轻骨料（如粉煤灰陶粒、膨胀矿渣、炉渣、自燃煤矸石等）。天然轻骨料如浮石、火山渣等中的孔隙结构是熔融火山熔岩急冷后形成的。人造轻骨料通常使用回转窑法生产，选用适宜的原材料，通过料球制备、焙烧、冷却等步骤，使得制得的轻骨料内部形成一定的孔隙结构。轻集料是一种多孔材料，按照传统的轻集料孔结构学说，轻集料有一个致密的外壳，内部有无数微孔，孔与孔互不连通，成蜂窝状结构。而实际上轻骨料内部既有开口孔，又有闭口孔，不同种类轻集料的开口孔与闭口孔的比例、孔分布、孔隙率等各不相同，使得不同轻集料的性能有明显的差别。轻骨料依其粒径分为轻粗骨料和轻细骨料。轻细骨料又称轻砂，通常只在配制保温隔热用的全轻混凝土时才使用。一般的轻骨料混凝土只使用轻粗骨料，细骨料仍是用普通砂。因此，在研究轻骨料混凝土的制备前，特别是高强轻骨料混凝土的制备前首先应该对所使用的轻粗骨料进行相关性能的研究。轻粗骨料在不至于混淆的场合下一般简称为轻骨料。我国最新的行业标准《轻骨料混凝土技术规程》（JGJ 51—2002）将轻骨料混凝土定义为用轻粗骨料、轻砂（或普通砂）、水泥和水配制而成的混凝土，其干表观密度不大于 1950kg/m^3，称为轻骨料混凝土（Light Weight Aggregate Concrete, LWAC）[35]。

轻骨料一般按照性能分为超轻骨料、普通轻骨料和高强轻骨料。超轻骨料即保温（或结构保温）轻骨料混凝土用骨料；普通轻骨料即砌体结构用轻骨料；高强轻骨料即结构用轻骨料。

相对于普通混凝土而言，轻骨料混凝土主要具有结构效益好、抗震性能强、耐火性能佳、耐久性能好、经济性优良等优点。在强度等级相同的情况下，轻骨料混凝土的表观密度比普通混凝土低20%～40%，轻骨料混凝土的比强度大于普通混凝土，结构质量减轻；并且，使用轻骨料混凝土可以减小结构断面、提高结构的高度、增大结构跨度，以及实现减少钢筋、预应力钢筋和结构钢材用量的目的。在结构断面相同的条件下，由于结构自重的减小，结构承载力得以提高。轻骨料混凝土由于密度小、质量轻、弹性模量低，结构承受动荷载的能力强。在地震荷载作用下所承受的地震力小，震动波的传递速度也比较慢，且结构的自震周期长，对冲击能量的吸收快，减震效果显著。轻骨料混凝土由于导热系数较低、热阻值大，在高温作用下，温度由表及里的传递速度将大大减慢，可保护钢筋。对于同一耐火等级的构件来说，轻骨料混凝土板的厚度可比普通混凝土减小20%～30%。

轻骨料内部的大量孔隙还可改善骨料表面与水泥砂浆的界面粘结性能，并改善混凝土的物理力学变形协调能力。轻骨料与砂浆间的界面过渡区是影响混凝土材料耐久性的重要因素之一，由于轻骨料混凝土中界面过渡区密实、具有较好的界面粘结性能，因此，轻骨料混凝土具有比普通混凝土更好的抗渗性、抗冻性以及抵抗各种化学侵蚀的性能。由于轻骨料混凝土中轻骨料与砂浆组分弹性兼容性好，因此内部裂缝和应力相对较少。此外，轻骨料中无活性组分，可使得轻骨料混凝土无碱骨料反应。在房屋建筑工程中，轻骨料混凝土是一种性能良好的墙体材料，与普通粘土砖相比，不仅强度高、整体性高，而且保温性能好，用它制作墙体，在同等的保温要求下，可使墙体厚度减少 40% 以上，而墙体自重可减少一半以上。尽管轻骨料混凝土的单方造价比相同强度等级的普通混凝土要高，但由于其可以减轻结构自重、缩小结构断面、增加使用面积、减少钢材用量、降低基础造价，因而具有显著的综合经济效益[36,37]。

1.4 纤维增强混凝土的特性及应用

美国混凝土协会（ACI）的544委员会将纤维增强水泥基复合材料称为“纤维增强混凝土（fiber reinforced concrete）”，并对它下了这样一个定义：“纤维增强混凝土系含有细集料或粗、细集料的水硬性水泥与非连续分散纤维组成的混凝土，连续的网片、织物与长棒不属于分散纤维类的增强材料”。故纤维混凝土是在普通混凝土中掺入乱向分布的短纤维所形成的一种新型的多相复合材料。

纤维和基体互不相溶，复合后各自保持原有特性。这些乱向分布的短纤维主要作用是阻碍混凝土内部微裂缝的发展和阻滞宏观裂缝的发生和扩展。因此，纤维混凝土不仅具有普通混凝土的优良特性，同时显著地改善了混凝土的抗拉强度及主要由主拉应力控制的抗弯强度、抗剪强度。另外，纤维混凝土还具有较好的韧性（延性）及控制裂缝的能力，因此，纤维混凝土是混凝土的良好的改性材料。

80年代初期美国大力开发合成纤维增强混凝土（synthetic fiber reinforced concrete，缩写为SNFRC）。所用合成纤维主要有聚丙烯或尼龙等，在开发过程中发现如果掺入少量（体积率为0.1%～0.3%）合成纤维于混凝土中，就可起到明显的阻裂与增韧效应。美国Lankand发明的高强度、高韧性的注浆纤维增强混凝土（slurry infiltrated fibre concrete，缩写为SIFCON），适用于有特殊要求的工程中。

另外，在重复荷载下，由于纤维能约束微细裂纹和裂缝的发展，纤维混凝土裂缝扩展速度相对较慢，其抗疲劳性能较普通混凝土有显著提高。纤维的增强、增韧、限缩、阻裂效应及纤维混凝土内部结构的完整性、纤维混凝土的裂缝要比同样条件的普通混凝土小很多，有害介质不易侵入，所以耐磨性、抗冻性、耐腐蚀性有显著提高[39]。

1.5 矿物掺合料对混凝土受冻的影响

在混凝土中加入矿物掺合料，可降低温升，改善混凝土的工作性能[40-41]，增进后期强度，并可改善混凝土的内部结构和界面状态[42-43]，提高混凝土的耐久性。就寒冷地区混凝土的受冻而言，矿物掺合料的掺入和掺入的数量多少对于在低温条件下混凝土的冻胀应力、温度应力和强度的发展变化规律等均具有相当重要的作用[44]。

粉煤灰是电厂煤燃烧后的残余渣物。由于粉煤灰自身的经济性、技术性能以及社会效益等诸方面的优势，而被广泛应用于水泥和混凝土中做活性混合材料和掺合料，在高强高性能混凝土中，成为必不可少的组分，即胶凝材料之一[45]。

现在，在许多混凝土工程中粉煤灰已被大量的应用。这是由于粉煤灰具有火山灰活性[46]，品质好的粉煤灰能够改变混凝土的和易性[47]，同时还可以提高混凝土的后期的强度。但大部分粉煤灰都在常温下使用，这主要是因为粉煤灰混凝土的早期的强度较低，标养28天之后的抗冻性差[48]。但通过有关专家的研究和试验证明了采用粉煤灰与抗冻剂双掺技术的负温混凝土虽然早期强度较低，抗冻性差，但随着龄期的增长，双掺粉煤灰抗冻剂混凝土要比普通混凝土具有更高的强度和更好的耐久性，可用于混凝土的冬季施工[49]。

人们对掺入粉煤灰替代部分水泥配制混凝土的各项技术已经开展过大量的工作，尤其是近年来人们在对高性能混凝土的研究中也充分注意到粉煤灰的应用，但人们对高钙粉煤灰（简称增钙粉煤灰）在混凝土中的应用所开展的研究则比较少。增钙粉煤灰是发电厂采用了立式旋风炉，并添加石灰作为助熔剂时得到的副产品，以往多用于建筑砂浆[50][3]。

内蒙古呼和浩特金桥热电厂所排放的粉煤灰中含有的CaO，是由燃煤和石灰石共同带入的，而由石灰石粉参与混烧带入的CaO量所占比重大，而且成分、性能等均与高钙粉煤灰有所差异，因此将这种高钙粉煤灰，称为增钙粉煤灰[52]以示区别。

显然，由于增钙粉煤灰化学成分、矿物组成、粒级、物理性能、化学性能、实用性能等方面均取决于燃煤质量、燃烧工艺条件和粉尘回收设施等因素，各地甚至有些热电厂各阶段高钙粉煤灰产品的品质亦会有很大差异。

1.6 项目选题的意义

本文研究的意义可以归结为以下几点：

（1）针对内蒙古锡林郭勒盟地区大量储存的浮石进行较系统的研究，以期为冀、晋、蒙地区充分利用这一自然资源探索更科学的应用技术。

（2）在对轻骨料混凝土早期性能的研究中，通过对轻骨料混凝土配合比的调整，减水剂的使用，以及采用粉煤灰包裹轻骨料等手段深入了解轻骨料混凝土早期力学性能的发育情况。本文所得的研究成果，有望对工程实践中轻骨料混凝土强度稳定性差的问题的解决发挥一定的参考和借鉴作用；其中，轻骨料混凝土棱柱体试件在单轴受压下的破坏形态，剪切破坏面上发现有轻骨料能否保持完整，是决定轻骨料混凝土能否在强度上有所突破的关键。

（3）粉煤灰作为混凝土的一个组成部分目前已被广泛认识，然而在内蒙古地区的浮石轻骨料混凝土能否使用，以及使用多少并没有系统的研究。本文针对研究的浮石轻骨料展开不同掺量的研究，目的在于，一方面克服浮石轻骨料自身特点，采用粉煤灰包裹技术，从而减少水的用量，增加轻骨料混凝土的强度；另一方面，北方内蒙古地区煤炭资源丰富，火力发电分布范围广，粉煤灰产量较大，但利用率低，从环保节能的角度对水工建筑物使用的轻骨料混凝土加大粉煤灰的掺量具有较高社会意义。

（4）由于粉煤灰的水化周期长，对混凝土后期强度提高有利，这点在普通混凝土中已有研究，为轻骨料混凝土提供了很好的参考。本文中研究不同掺量下轻骨料混凝土耐久性能的问题，主要从水工混凝土角度出发，以碳化性能、抗渗性能、后期强度发育能力和钢筋锈蚀等角度展开研究，力求了解轻骨料混凝土耐久性能方面的问题，从而更好地应用于工程实践。

（5）针对寒冷地区自然环境（尤其是寒冷地区及西北盐碱地区环境）的特点，分析了轻骨料混凝土在抗冻性试验方法中耐久性特征，重点研究冻融循环作用对轻骨料混凝土强度、耐久性的影响。为解决轻骨料混凝土强度低，而通过硅粉掺合料以及水灰比等方法提高强度成本较高的问题，本文将纤维和碎石作为提高轻骨料混凝土强度的手段，研究不同纤维掺量的轻骨料混凝土和碎石取代部分轻骨料在水中的抗冻耐久性能的表现情况，力求实现既能提高轻骨料混凝土强度，又能保证较高的抗冻耐久性能。

（6）针对现行混凝土冻融循环试验的标准性强的特点，缺乏针对实际环境冻融研究的特点，本文利用三向可控温的三温冻融循环试验机模拟实际温度环境和实际冻胀时间，对轻骨料混凝土进行冻融循环试验，以及研究轻骨料混凝土在单次冻胀过程中温度传导情况和冻胀量发育情况，力求从冻融角度对标准冻融循环进行针对实际情况的补充。

1.7 主要研究内容

通过对浮石的基本性质进行试验，检测其成分、表观形貌和物理力学性能等，为天然轻骨料的应用开发提供可靠的理论依据。本课题结合了纤维和轻骨料混凝土的优点，发挥各自的优良性能来增强和改善混凝土。通过在轻骨料混凝土中掺入聚丙烯纤维来提高轻骨料混凝土的韧性，解决轻骨料混凝土的脆性问题；通过冻融循环试验，研究冻融循环对轻骨料混凝土强度、抗冻性的具体影响程度，并对不同掺量的纤维轻骨料混凝土在标准冻融环境和模拟实际环境下的抗冻性的影响效果进行系统地研究。

根据以上研究思路，本书的主要研究内容如下：

（1）在明确研究目的基础上，首先确立了研究方案，设计了轻骨料混凝土在早期力学性能试验方法和掺入粉煤灰的轻骨料混凝土的耐久性试验方法。

（2）采用浮石轻骨料、选用粉煤灰包裹轻骨料技术，对拌制前的浮石进行包裹，依据试验递进关系，从基础试验开始循序递进。在早期性能研究中配制LC30、LC25、LC20的轻骨料混凝土，对稳定较好的LC30轻骨料混凝土进行不同粉煤灰掺量的耐久性研究；其后，在冻融试验中，增加了两个对比组，即掺入纤维提高混凝土的韧性组和掺入碎石提高轻骨料混凝土的强度组，最后针对北方寒冷地区特点，模拟实际环境下进行冻融循环和冻胀性能的研究。

（3）本文进行了纤维轻骨料混凝土和碎石取代部分骨料的轻骨料混凝土的立方体抗压强度、轴心抗压强度、抗折强度和弹性模量等试验，分析了聚丙烯纤维、碎石对轻骨料混凝土的增强、增韧效果，以及对纤维增强轻骨料混凝土与碎石轻骨料混凝土的破坏形式进行对比，为今后的工程应用解决一些基础性的技术问题，提供参考价值的试验依据。

（4）针对寒冷地区自然环境（尤其是寒冷地区的水工建筑所处于饱水环境）的特点，研究了轻骨料混凝土在掺入纤维后在抗冻性试验中的耐久性特征，重点研究冻融循环作用对轻骨料混凝土强度、耐久性的影响；研究不同掺量的纤维轻骨料混凝土和碎石取代部分轻骨料的冻融循环试验中的耐久性能。

（5）本文着眼于北方特殊地理气候环境，在纤维掺入明显增强轻骨料混凝土抗冻性能的基础上，模拟室外环境对纤维轻骨料混凝土进行控温的冻融循环试验，研究纤维轻骨料混凝土冻融过程中的质量和强度损失情况，以及温度传导情况和冻胀量发育情况。

第2章　试验材料与方法

2.1　主要原材料及其性质

2.1.1　水泥、骨料及外加剂等材料性能

水泥：内蒙古蒙西水泥制品厂P.O.42.5普通硅酸盐水泥；表2.1、表2.2给出其矿物组成和主要化学组成；表2.3给出其性能指标；颗粒分布情况利用激光粒度分析仪测定如图2.1所示。

表2.1　P.O.42.5普通硅酸盐水泥矿物组成

分类	C_3S	C_2S	C_3A	C_4AF	f-CaO
W/%	55.7	22.09	5.12	16.79	0.29

表2.2　P.O.42.5硅酸盐水泥的化学组成

component	SiO_2	Al_2O_3	CaO	MgO	SO_3	Fe_2O_3
W/%	22.06	5.13	64.37	1.06	2.03	5.25

表2.3　P.O.42.5普通硅酸盐水泥性能指标

检测项目	细度/%	初凝时间	终凝时间	安定性	SO_3/%	烧失量/%	氧化镁/%	抗压强度/MPa		抗折强度/MPa	
								3d	28d	3d	28d
实测	1.2	2:15	2:55	合格	2.23	1.02	2.21	26.6	54.8	5.2	8.3

粗骨料：内蒙古锡林郭勒盟浮石轻集料如图2.2所示；浮石物理性能见表2.4。

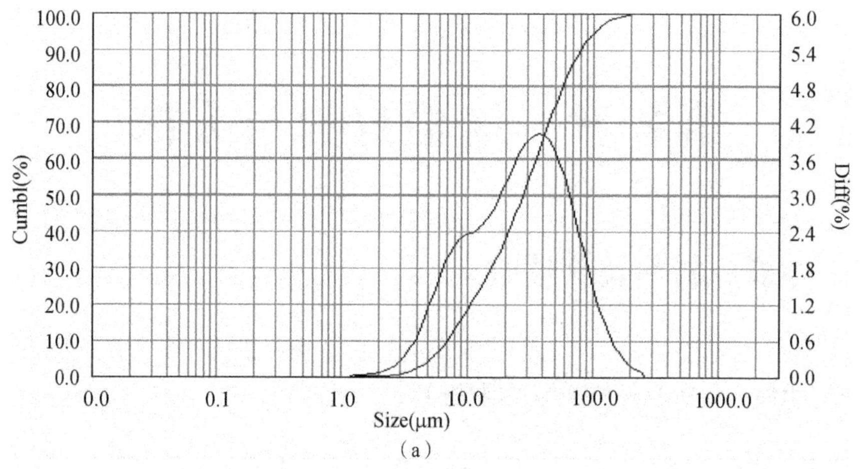

(a)

粒度分布表

粒度/μm	微分/%	累积/%	粒度/μm	微分/%	累积/%	粒度/μm	微分/%	累积/%	粒度/μm	微分/%	累积/%
1.057	0.01	0.01	4.472	0.77	5.46	13.194	3.33	27.50	55.836	1.44	97.49
1.156	0.02	0.03	4.894	0.83	6.29	14.439	3.86	31.36	61.104	0.99	98.48
1.266	0.04	0.07	5.356	0.93	7.22	15.801	4.49	35.85	66.869	0.65	99.13
1.385	0.07	0.14	5.861	1.06	8.28	24.802	5.78	64.32	73.179	0.40	99.53
1.516	0.12	0.26	6.414	1.22	9.50	27.142	5.53	69.85	80.084	0.22	99.75
2.379	0.34	1.51	7.019	1.39	10.89	29.703	5.23	75.08	87.640	0.13	99.88
2.603	0.38	1.89	7.681	1.59	12.48	32.506	4.89	79.97	95.909	0.06	99.94
2.849	0.42	2.31	8.406	1.81	14.29	35.573	4.44	84.41	104.959	0.03	99.97
3.118	0.49	2.80	9.199	2.06	16.35	38.930	3.87	88.28	114.862	0.02	99.99
3.412	0.56	3.36	10.067	2.31	18.66	42.603	3.22	91.50	125.700	0.01	100.00
3.734	0.63	3.99	11.017	2.59	21.25	46.622	2.58	94.08	137.560	0.00	100.00
4.086	0.70	4.69	12.057	2.92	24.17	51.022	1.97	96.05	150.539	0.00	100.00

(b)

图 2.1 蒙西 42.5 水泥颗粒组成分布图

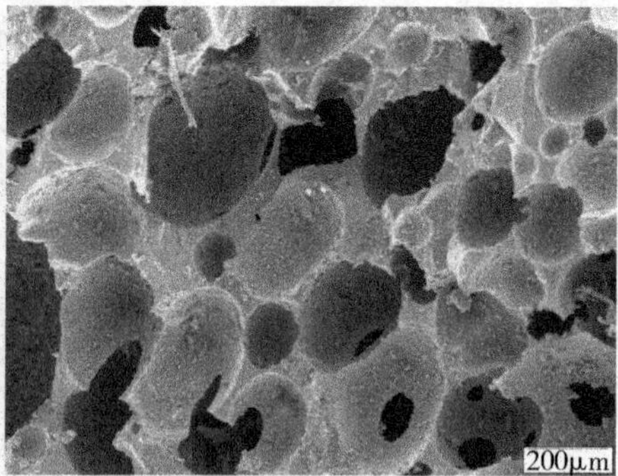

图 2.2 试验用浮石轻骨料及其微观形貌

表2.4 浮石物理性能

物理性能	堆积密度	表观密度	吸水率/1h	筒压强度	压碎指标
浮石	690kg/m³	1593kg/m³	16.44%	2.978MPa	39.6%

浮石轻骨料3h内的吸水率变化如图2.3所示，浮石吸水性能见表2.5。

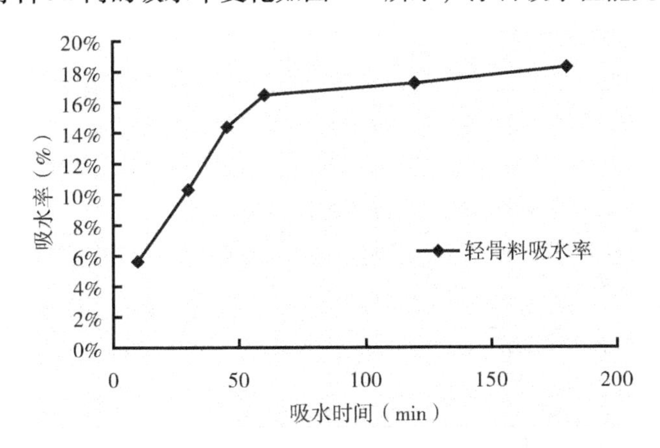

图2.3 浮石轻骨料3h内的吸水率变化

表2.5 浮石吸水性能

吸水时间	10min	30min	45min	1h	2h	3h	24h
吸水率	5.62%	10.31%	14.35%	16.44%	17.25	18.25%	21.35%

粉煤灰：呼和浩特市化肥厂Ⅰ级粉煤灰；颗粒分布良好，分布均匀，符合GB 1596—1991《用于水泥和混凝土中的粉煤灰》标准的规定，满足试验的要求。图2.4为给出的粉煤灰的颗粒分布情况，表2.6、表2.7为粉煤灰的性能指标与化学组成。

细骨料：天然河沙，根据GB/T 14684—2001《建筑用砂》测定，细度模数2.5，含泥量2%，粒径<5mm，堆积密度1465kg/m³，表观密度2650kg/m³，颗粒级配良好；砂子级配见表2.8。

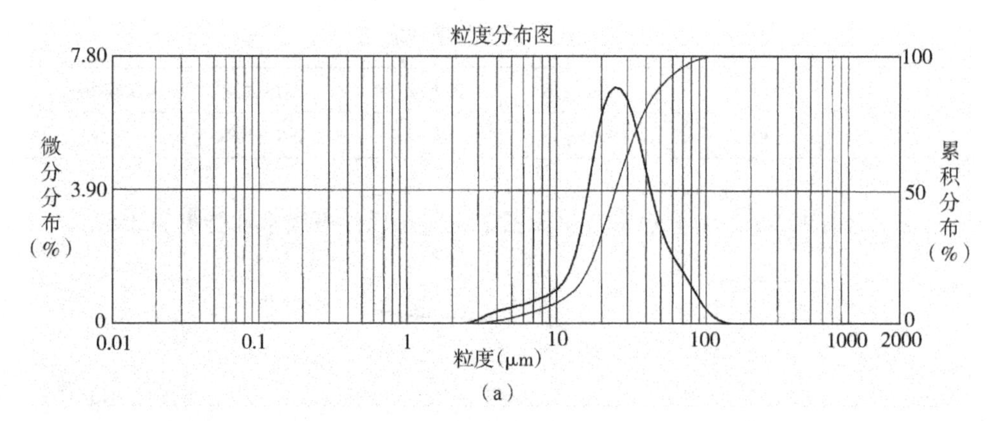

(a)

粒度分布表

粒度/μm	微分/%	累积/%	粒度/μm	微分/%	累积/%	粒度/μm	微分/%	累积/%	粒度/μm	微分/%	累积/%
2.379	0.02	0.02	7.681	0.75	5.44	24.802	6.89	49.44	80.084	1.14	97.75
2.603	0.05	0.07	8.406	0.81	6.25	27.142	6.84	56.28	87.640	0.85	98.60
2.849	0.11	0.18	9.199	0.91	7.16	29.703	6.58	62.86	95.909	0.58	99.18
3.118	0.18	0.36	10.067	1.02	8.18	32.506	6.11	68.97	104.959	0.37	99.55
3.412	0.27	0.63	11.017	1.21	9.39	35.573	5.48	74.45	114.862	0.21	99.76
3.734	0.33	0.96	12.057	1.50	10.89	38.930	4.73	79.18	125.700	0.12	99.88
4.086	0.40	1.36	13.194	2.00	12.89	42.603	3.99	83.17	137.560	0.06	99.94
4.472	0.44	1.80	14.439	2.69	15.58	46.622	3.31	86.48	150.539	0.03	99.97
4.894	0.48	2.28	15.801	3.62	19.20	51.022	2.74	89.22	164.744	0.02	99.99
5.356	0.53	2.81	17.292	4.65	23.85	55.836	2.30	91.52	180.288	0.01	100.00
5.861	0.57	3.38	18.924	5.62	29.47	61.104	1.97	93.49	197.299	0.00	100.00
6.414	0.63	4.01	20.710	6.33	35.80	66.869	1.69	95.18	215.915	0.00	100.00
7.019	0.68	4.69	22.664	6.75	42.55	73.179	1.43	96.61	236.288	0.00	100.00

(b)

图2.4 粉煤灰颗粒组成分布图

表2.6 粉煤灰性能指标

细度(0.08mm方孔筛余,%)	需水量比(%)	烧失量(%)	28d抗压强度比(%)	比表面积($m^2 \cdot kg^{-1}$)
4.8	90	2.8	70.6	651

表2.7 粉煤灰的化学组成

成分	SiO_2	Al_2O_3	CaO	MgO	SO_3	Fe_2O_3	TiO_2	Na_2O+K_2O
含量/%	51.93	16.11	6.95	2.02	1.59	5.10	1.78	2.05

表2.8 砂子级配

筛子孔径 mm	分计筛余（%）	累计筛余（%）
4.75	1.56	1.56
2.36	8.32	9.88
1.18	14.23	24.11
0.6	29.69	53.8
0.3	32.08	85.88
0.15	12.86	98.24
<0.15	1.24	100

碎石：选自呼和浩特市北部大青山石料破碎厂，选用质地坚硬、表面粗糙的辉绿岩，粒径为5～20mm，连续级配，其中5～10mm占40%，10～20mm占60%。根据GB/T 14684—2001《建筑用卵石、碎石》规定，碎石粗骨料技术指标见表2.9。

表2.9 碎石粗骨料技术指标

颗粒级配（mm）	含泥量（%）	泥块含量（%）	针片状颗粒含量（%）	压碎指标（%）
5～20	0.8	0.4	2.0	5.3

减水剂：UNF-5型高效减水剂，以β-萘酸钠甲醛高缩聚物为主要成分的高效减水剂，掺量为0.6%～1.5%，减水率10%～13%，对钢筋没有锈蚀作用。

引气剂：RSD-5型引气剂。

水：普通自来水。

2.1.2 纤维物理性能

聚丙烯纤维（图2.5）其主要性能见表2.10。

表2.10 聚丙烯纤维性能指标

项目	指标	项目	指标
原料成分	聚丙烯	纤维类型	束状单丝
密度（g/cm^3）	0.91±0.01	长度（mm）	19
抗拉强度（MPa）	≥300	熔点（℃）	160～170
极限拉伸率（%）	30%～50%	吸水性	极低
弹性模量（MPa）	3793	导热导电	极低
耐酸碱性	极低	安全性	无毒材料

图 2.5 束状单丝聚丙烯纤维

2.2 浮石的主要成分及性能

2.2.1 浮石的形成

浮石是一种多孔、轻质的玻璃质酸性火山喷出岩，其成分相当于流纹岩。也可称之为火山岩，火山岩确切地说是熔融的岩浆随火山喷发冷凝而成的密集气孔的玻璃质熔岩，其气孔体积占岩石体积的50%以上。浮石表面粗糙，颗粒容重为450kg/m^3，松散容重为250kg/m^3左右，天然浮石孔隙率为71.8%~81%，吸水率为50%~60%。因孔隙多、质量轻、容重小于1g/cm^3，能浮于水面而得名。

在火山喷发时，岩浆急速喷到空中，由于急剧降温、减压，其中的水气和其他气体在冷却时急剧膨胀而形成多孔状岩石。根据火山喷发时浮石的自重及风、水等外力作用结果，形成三种矿床成因类型[26]，即近源原生气落型：火山喷发后，块体大，质量重的浮石，在空气中停留的时间段降落快，以火山锥体堆积于火山口附近，形成近源原生气落型浮石矿床；远源原生气落型：火山喷发时较小的浮石块体随着风力在空中飘浮的时间较久，在距火山口较远的地段坠落堆积，形成远源原生气落型浮石矿床；外生冲积型：火山喷发形成原生浮石堆积，经长期风化剥蚀，又经水的冲刷和冲积作用，被水流搬运到河谷两侧堆积，形成外生冲积型浮石矿床。

浮石是多孔、轻质的火山喷发物，具有发达的气孔构造，气孔间绝大多数为无定形的玻璃质所填充，大多呈褐色或铁黑色，微观形貌如图 2.2 所示，在火山口附近经高温烘炼或风化呈红褐色，其主要矿物组成为[27]水山玻璃，长石，石英，黑云母和角闪石，因其能浮于水面，故得名浮石。

浮石具有质轻、多孔、吸水率大（最高可达 60% 以上），导热系数小等特点。在研发利用中，通常所涉及的浮石物理特性有容重、密度、孔隙率、吸水率、导热系数、比表面积及力学强度等，而制约或影响这些特性的因素主要源于浮石自身的结构构造和化学组成，其中气孔构造是引起浮石特性变化的主导因素，进而影响到浮石的质量和用途。它的特点是质量轻、强度高、耐酸碱、耐腐蚀，且无污染、无放射性等，是理想的天然、绿色、环保的产品。浮石不仅可以用于建筑、园林，还是护肤、护足的佳品，可以有效地去除皮肤上残留的角质层。

2.2.2　浮石的化学成分

本文将所试验的浮石轻骨料磨细，过 80μm 筛，收集筛余物，进行 XRD 分析。衍射图谱如图 2.6 所示。浮石能谱[66]分析如图 2.7 所示，其化学组成见表 2.11。

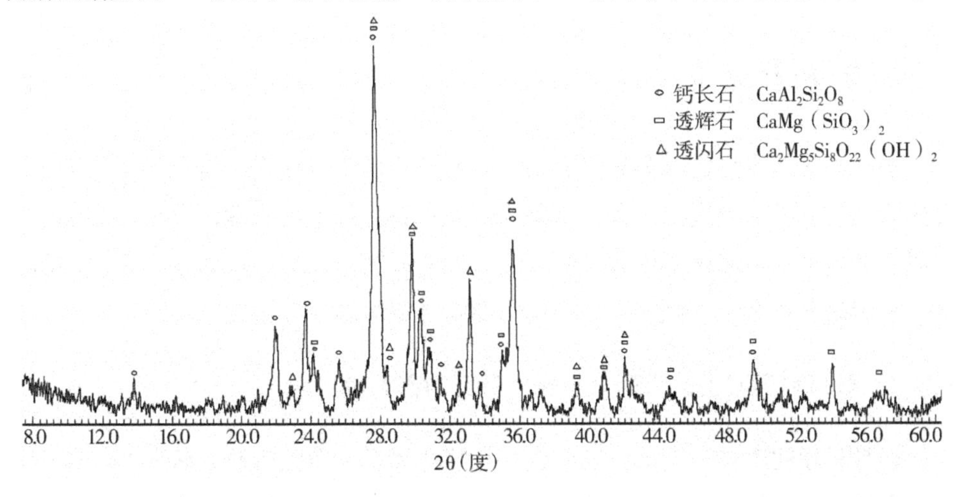

图 2.6　浮石的 XRD 图

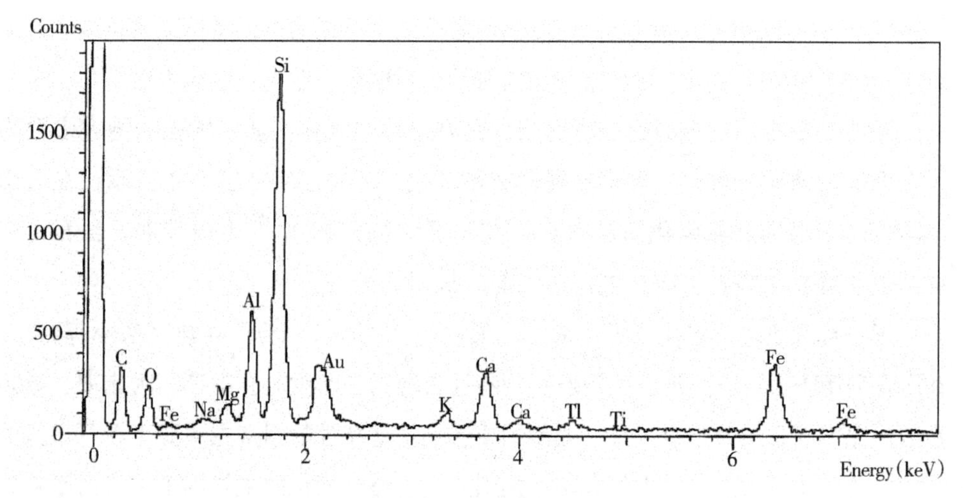

图 2.7 浮石能谱图

表 2.11 浮石化学全分析结果

成分	SiO_2	Fe_2O_3	Al_2O_3	CaO	MgO	TiO_2	SO_3	K_2O	Na_2O	烧失量
%	48.88	14.00	12.90	8.70	6.10	2.20	0.15	1.58	2.98	1.82

从以上化学分析的结果可知，浮石的含硅率和铝率较高。由于浮石是由火山喷发而形成，含硅率和含铝率较高，且其结构大多为不定形的玻璃体，因此具有一定的活性，而该种活性能改善浮石混凝土中界面的性能。

2.3 试验方案设计

根据本文的研究目的和研究思路，本文试验研究包括轻骨料混凝土早期力学性能研究、轻骨料混凝土耐久性能研究、轻骨料混凝土抗冻性试验研究和轻骨料混凝土在模拟实际环境下的抗冻性及冻胀性能研究。在充分利用本地资源的基础上，全面研究适合北方地区水工建筑物的轻骨料混凝土。

2.3.1 轻骨料混凝土的早期力学性能研究的必要性

轻骨料颗粒取自于火山喷发形成多孔隙的浮石，颗粒质地之间存在一定的差异，在轻骨料混凝土前期试配的混凝土试件中，同批试件强度变化幅度较大，为了能使轻骨料混凝土在以后的各种性能的试验研究中保持较稳定性能，需要选择强度性能较稳定的几种配合比，进而对轻骨料混凝土的早期性能进行研究，在早期性能的研究中选择各方面性能稳定、强度较高的配合比作为基准配合比，以此基准配合比对轻骨料混凝土进行后期试验研究。

通过查阅大量研究文献以及对轻骨料混凝土前期试配试验的基础上，确定由LC30，LC25，LC20三种强度的配合比作为轻骨料混凝土早期试验研究对象。由于轻骨料颗粒吸水率较大，试验中水灰比较大，对强度保证影响程度较大，为了减少轻骨料混凝土在拌合过程中的用水量，在轻骨料混凝土早期力学性能的研究中，混凝土拌合前采用了粉煤灰包裹轻骨料的技术，同时结合减水剂的作用，以达到尽量少加水，而又能保证混凝土的和易性的目的。轻骨料混凝土早期性能研究试验，在保证较高强度的条件下，选择一组强度保证率较高，各项性能稳定性较好的配合比作为基准配合比，在后期试验中对其进行抗冻性试验，以及针对北方内蒙古河套灌区的实际地理气候条件进行轻骨料混凝土冻胀变形性能的研究。

另外，对轻骨料混凝土早期性能的研究也是必要的，因为常规设计的混凝土或钢筋混凝土结构在建造过程中往往出现有害裂缝，甚至采用“加强”抗裂设计的结构也会出现裂缝；另一方面，随着施工技术、泵送设备、材料配比设计等的进步，一些工程成功实现超长连接浇筑不设缝、工程完工后无有害裂缝的目标，加快施工进度。这表明现行的混凝土设计方法仅考虑“正常使用极限状态”来设计是不完善的，或者说现浇混凝土结构尚不具备“成品”条件而不宜用“正常使用极限状态”来设计；而现行施工规范仅以某些强度指标（如28天抗压强度）控制施工进度和工程质量也缺乏系统的考虑[1]。因此只有清楚早期轻骨料混凝土力学性能的发展情况并采取相应的措施，才能保证轻骨料混凝土工程的长期质量。

2.3.2 粉煤灰掺入对轻骨料混凝土耐久性能影响研究

根据轻骨料混凝土早期力学性能的试验，考虑到力学性能稳定性、强度、变形保证率等因素，选择LC30强度等级轻骨料混凝土作为本试验的基准混凝土。由于轻骨料混凝土孔隙率大、表面粗糙程度较高、吸水率较强，直接导致后果就是轻骨料混凝土的拌合用水量提高，拌合后混凝土流动性较差，势必由于用水量增加导致轻骨料混凝土的强度及耐久性能降低。为了解决这方面的不利影响，对拌合前的骨料用粉煤灰进行包裹，而要达到相应的包裹效果，粉煤灰的用量势必增加，在试验中发现，粉煤灰用量越高，轻骨料包裹得越好，拌合后和易性较好，但是粉煤灰的用量不能无限制增加，否则会影响混凝土的强度，所以，在本节试验中，以 LC30 轻骨料混凝土为基准的前提下，增加了不同粉煤灰掺量作为对比组，力求寻找针对天然浮石轻骨料混凝土的最佳粉煤灰掺量。

另外，粉煤灰作为轻骨料混凝土中的一个组分，进行配合比设计和使用，既能降低轻骨料混凝土拌合用水量、降低水灰比，也能提高耐久性，还能保证混凝土外观质量，同时环保又节约水泥，降低工程造价，是水泥混凝土持续发展的方向，针对轻骨料混凝土对不同粉煤灰掺量下所表现出的耐久性能进行深入研究，为轻骨料混凝土下一步研究提供基础，也为轻骨料混凝土的发展提供试验依据。

2.3.3 纤维增强轻骨料混凝土的抗冻性研究

本研究采用“快冻法”进行试验，以抗压强度、重量损失率等作为评价抗冻性的标准，以轻骨料混凝土损伤量作为混凝土冻融循环后耐久性的评价标准；在以 LC30 轻骨料混凝土为基准的前提下，试验设计中增加了掺入碎石组和掺入纤维组作为对比组，通过对比轻骨料混凝土、纤维轻骨料混凝土、碎石轻骨料混凝土在冻融循环作用下的抗冻性能和损伤情况，研究不同纤维掺量和不同碎石掺量对轻骨料混凝土的抗冻性能的影响。对比分别掺入碎石和掺入纤维对轻骨料混凝土抵抗冻融循环损伤的能力影响，从而确定出抵抗冻融循环能力强弱关系是：纤维轻骨料混凝土 > 轻骨料混凝土 > 碎石轻骨料混凝土。

从材料科学的观点出发，微观结构对于宏观性能有着重要的影响，界面过渡区是混凝土材料微观研究的重点之一。对于纤维轻骨料混凝土而言，存在轻骨料—浆体、纤维—浆体这两类不同的界面过渡区。轻骨料混凝土由于其特殊的多孔结构，使得其轻骨料—浆体界面过渡区与普通混凝土存在很大差别，纤维对轻骨料混凝土的增强、增韧、阻裂效应的发挥，掺入纤维后轻骨料混凝土物理力学性能的变化，纤维对轻骨料混凝土抗冻性的影响等问题，归结到微观层面上，都有赖于纤维轻骨料混凝土中上述两类界面过渡区的微观结构与性能。本研究通过冻融循环作用下的损伤量来描述纤维抑制轻骨料混凝土的冻融损伤过程，并且探讨了纤维轻骨料混凝土的冻融次数与损伤度的关系。

2.3.4　开放系统下轻骨料混凝土冻胀性能研究

我国幅员辽阔、寒冷的北方地区冬季较长，水工建筑物受冻融破坏显著。特别是混凝土在含水量较高时的冻融环境作用下，其内部极容易形成水、冰、骨料的多相损伤介质，混凝土的孔隙率和饱和度达到一定程度之后，随冬季气温降低，内部形成冰晶，体积膨胀约9%，在混凝土内部形成冻胀应力，引起不均匀的应力分布，局部应力超标后会引起混凝土的局部损伤。由于结构表面处于自由面状态，冰的膨胀受约束较小，会引起平行于法向拉应力，当拉应力超标时，就会出现细观裂缝，加上结构表面饱和度高，冰膨胀率大，就会引起相对严重的损伤。在反复冻融作用下，结构表面会出现剥离等病害现象。当混凝土中的冰晶吸热融化时，水的体积与冰相比将减小，混凝土的内部留下许多孔隙，对混凝土强度和结构安全性将产生显著的影响，它会严重影响混凝土的强度发展及耐久性。因此通过轻骨料混凝土在开放系统下的冻胀性能试验，模拟北方灌区实际特殊的地理气候条件，系统地了解降温作用对纤维轻骨料混凝土材料冻胀性能及开放系统下冻融循环损伤的影响，以及冻胀过程中温度传导变化特点和影响纤维轻骨料混凝土冻胀变化的因素，可为寒冷地区轻骨料混凝土水工建筑物耐久性指标设计和工程结构可靠性检测鉴定提供参考。

轻骨料混凝土由于孔隙率大、弹性强、抗冻、保温性好，近些年被北方地区水工建筑物逐步使用，因此通过轻骨料混凝土在开放系统下的冻胀性能试验，系统地了解冻胀作用对纤维轻骨料混凝土材料损伤的影响，以及冻胀结过程中温度传导变化特点和影响纤维轻骨料混凝土冻胀变化的因素，可为寒冷地区轻骨料混凝土耐久性指标设计和工程结构可靠性检测鉴定提供参考。

2.3.5　成型工艺

成型工艺对于轻骨料混凝土的性能有着重要影响。由于轻骨料具有较大的吸水率使得轻骨料混凝土的成型工艺有别于普通混凝土。轻骨料混凝土的成型工艺，主要分为两种：轻骨料预吸水法和轻骨料自然状态法。前者是在轻骨料混凝土制备前，对所使用的轻骨料进行预吸水处理，使轻骨料饱水；后者是直接使用自然状态轻骨料进行轻骨料混凝土制备。本文对轻骨料采用表面喷水处理后，确定轻骨料表面湿润的前提下，利用搅拌装置对轻骨料颗粒进行粉煤灰的包裹，包裹过程中需要确定粉煤灰的用量，完成后按照如图 2.8 所示的工艺流程制备成型。

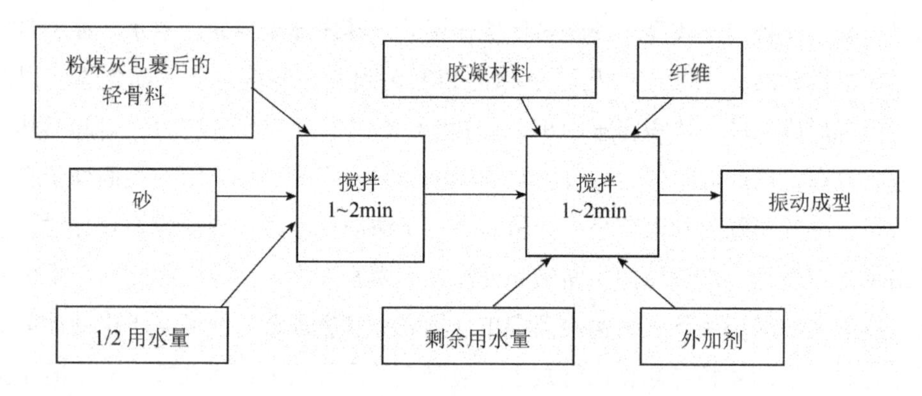

图 2.8 纤维增强轻骨料混凝土制备工艺流程

制备纤维增强高性能轻骨料混凝土时，可以待骨料、胶凝材料在搅拌机内搅拌均匀后再逐渐加入纤维，搅拌时间至少应保证纤维在骨料和胶凝材料的混合物中能够分散得较为均匀，然后加入水。根据本文试验的观察结果，发现纤维增强轻骨料混凝土的搅拌时间通常要比不掺纤维的轻骨料混凝土延长 2～3min；轻骨料混凝土的振动成型时间控制在 0.5min 左右，纤维的加入将使得新拌轻骨料混凝土的稠度增大、流动性变差，因此在振动成型时需要延长振动时间；且随着纤维掺量的提高，搅拌时间和振动时间均需适当延长。在装模过程中，由于碎石较浮石密度大，碎石轻骨料混凝土制备时首先保证各类掺量准确，其次拌合过程中分布均匀。

2.3.6 试验仪器

根据试验方案的设计，试验从选择轻骨料混凝土，通过试配轻骨料混凝土，确定三个强度相对稳定配合比进行早期力学性能的研究。由于采用粉煤灰包裹技术，在此基础上加入有针对性的粉煤灰对轻骨料混凝土耐久性能方面的研究，试验中，需要的仪器如图2.9所示。

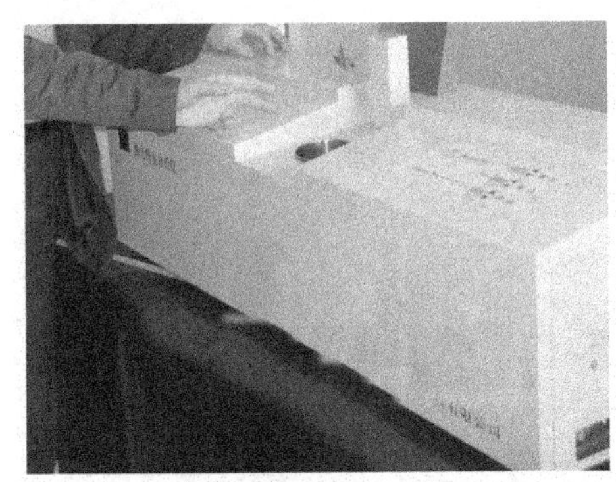

（a）激光粒度分析仪

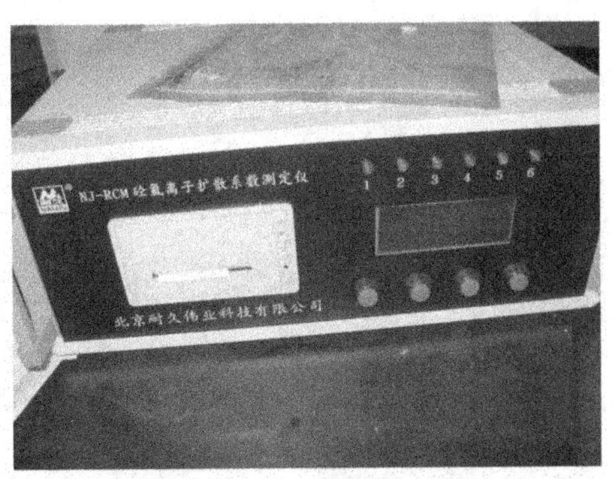

（b）混凝土氯离子渗透系数测定仪

（c）混凝土电通量测定仪

（d）WHY-3000微机控制全自动压力试验机

（e）混凝土抗渗性试验机

（f）LA-316混凝土含气量测定仪

图2.9 试验用仪器设备

（g）混凝土碳化试验箱

（h）混凝土3000kN压力试验机

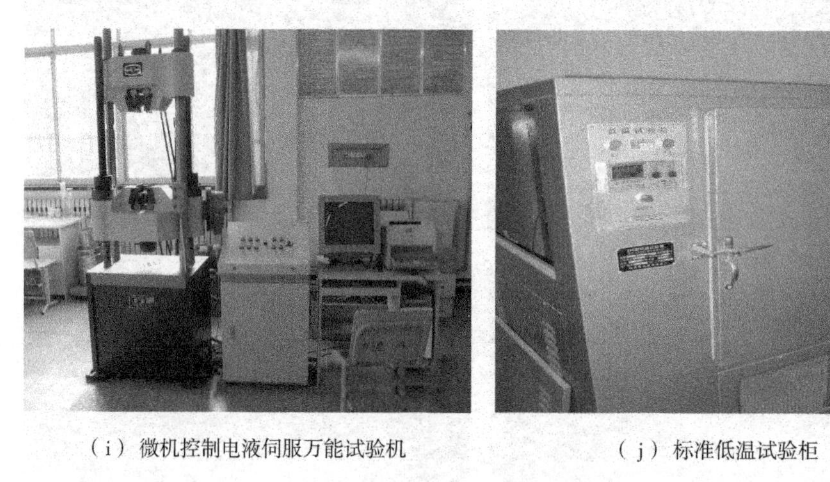

（i）微机控制电液伺服万能试验机

（j）标准低温试验柜

图2.9　试验用仪器设备（续）

2.4 试验方法

2.4.1 轻骨料混凝土早期力学性能试验

在早期力学性能试验中有三个强度等级LC30、LC25、LC20，减水剂掺量按照胶凝材料0.5%、1.0%和1.5%掺入，共9组试件，每组试件12块。混凝土配合比及材料用量见表2.13，各种类轻骨料混凝土力学性能试验所用的试件尺寸及数量如表2.14所示。其中，立方体抗压强度、轴心抗压强度、抗折强度、静力受压弹性模量等力学性能的测试按照国家现行试验规程进行。聚丙烯纤维掺量见表2.12。每组混凝土试件均在实验室制备，所有混凝土采用强制性搅拌机搅拌，在振动台上完成振捣，塑料试模成型，新拌混凝土都具有较好的和易性，坍落度在70~150mm左右，振动密实以后在试件表面覆盖塑料薄膜，试件24h后脱模，标准条件下养护28天后取出。

表2.12 纤维种类及掺量

纤维品种	掺量			
聚丙烯纤维（PF）kg/m^3	$0kg/m^3$	$0.6kg/m^3$	$0.9kg/m^3$	$1.2kg/m^3$

表2.13 轻骨料混凝土配合比 单位：kg/m^3

强度	水泥	水	轻骨料	砂子	粉煤灰	减水剂	水灰比
LC30A	371.2	180.5	634	690	92.8	2.32	0.48
LC30B	371.2	171	634	690	92.8	4.64	0.45
LC30C	371.2	160	634	690	92.8	6.96	0.42
LC25A	345	162	647.2	703.0	72	2.085	0.47
LC25B	345	153	647.2	703.0	72	4.17	0.44
LC25C	345	141	647.2	703.0	72	6.255	0.41
LC20A	324	153	661.4	719.7	67.2	1.956	0.47
LC20B	324	146	661.4	719.7	67.2	3.912	0.45
LC20C	324	139	661.4	719.7	67.2	5.868	0.43

表 2.14 轻骨料混凝土力学性能测试试件

力学性能测试项目	测试龄期（d）	试件尺寸（mm）	每组试件数（个）
立方体抗压强度	28	100×100×100	3
轴心抗压强度	28	150×150×300	3
抗折强度	28	100×100×400	3
静力受压弹性模量	28	150×150×300	3

抗压强度试验采用3000kNCH-5型压力试验机（见图2.9（h））；弯曲抗折强度用模筑混凝土棱柱体试件（100mm×100mm×400mm）进行，设备采用微机控制电液伺服万能试验机（见图2.9（i））；采用WHY-3000型微机控制全自动压力试验机（见图2.9（d））进行弹性模量试验。

2.4.2 轻骨料混凝土耐久性能试验

试验内容为轻骨料混凝土碳化性能、抗渗性能、抗钢筋锈蚀能力方面的试验；以LC30等级轻骨料混凝土为基准混凝土；增加以粉煤灰的不同掺量作为试验组进行耐久性研究，粉煤灰取代水泥量分别控制在0%、20%、30%、40%、50%、60%、70%。

2.4.3 轻骨料混凝土冻融循环试验

在北方寒冷地区，混凝土常常是因为受冻融作用而破坏，导致耐久性下降甚至失效。所以，研究寒冷地区高性能轻骨料混凝土抗冻融耐久性具有重要的现实意义。抗冻融耐久性是寒冷地区高性能混凝土最重要、最直观的耐久性指标。此外，混凝土受冻融破坏的主要原因是可冻液体渗入混凝土孔隙中产生冻胀应力和渗透压力所致，故混凝土抗冻融性也间接反映了混凝土抗渗性等其他耐久性。

1. 混凝土抗冻融试验方法

普通混凝土抗冻性试验分为慢冻法和快冻法两种，都是在水中进行。这两种方法是目前国际上同时存在的两种检测混凝土抗冻性的方法。美、日、加拿大等国采用快冻法，俄罗斯及东欧国家采用慢冻法，这两种方法均列入了这些国家的正式标准或规程。我国在20世纪五六十年代采用慢冻法，20世纪60年代中后期水工、港工部门相继开展了快冻法的试验研究，港工部门直接采用了快冻法，并列入了混凝土试验规程（JTJ 225—87）；水工部门在1982年颁布的水工混凝土试验规程正式列入了快冻法。目前我国同时存在快冻法和慢冻法两种试验方法，并均以标准规程的形式存在。

本试验中轻骨料混凝土的冻融循环试验按照GBJ 82—85《普通混凝土长期性能和耐久性能试验方法》中抗冻性能试验的“快冻法”进行，目的是比较轻骨料混凝土在盐溶液中与在水中不同的冻融作用，试验中均采用尺寸为100mm×100mm×100mm的试件。循环前将混凝土试件在水中浸泡4昼夜达到饱和为止，即试件重量不再增加。具体循环制度如图2.10所示。冻融循环一定次数后，取出冻融试件和对比试件，称重并测定抗压强度。

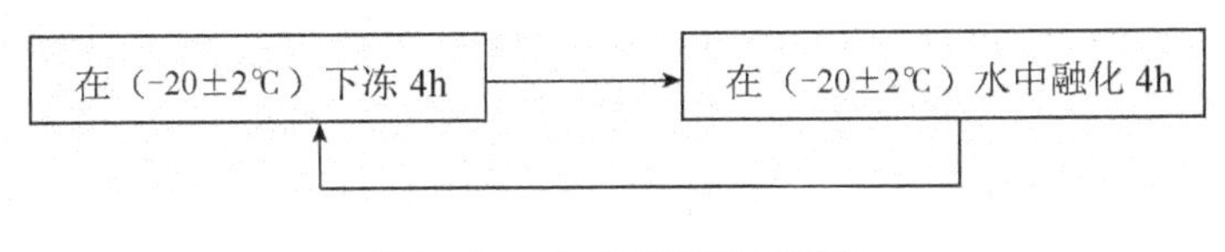

图2.10 水中冻融循环制度

2. 强度损失和重量损失率的计算

一般而言，轻骨料混凝土受冻融作用后，由于内部开裂和表面剥落而导致质量和强度下降，且其程度是决定该混凝土抗冻性能优劣的重要指标。所以试验测定试件的强度和质量，并以此为依据计算25、50、75、100次冻融循环后的质量损失率和强度损失率。

（1）试件冻融循环后的强度损失率

$$\Delta f = \frac{f_0 - f_N}{f_0} \times 100\% \tag{2-1}$$

式中 Δf——N次冻融循环后试件强度损失率，%；

f_0——冻融循环试验前试件强度，以3个试件强度平均值计算，MPa；

f_N——N次冻融循环试验后试件强度，以3个试件强度平均值计算，MPa；

（2）试件冻融循环后的质量损失率

$$\Delta W = \frac{G_0 - G_N}{G_0} \times 100\% \tag{2-2}$$

式中 ΔW——N次冻融循环后试件质量损失率,%;

G_0——冻融循环试验前试件质量，以3个试件质量平均值计算，kg;

G_N——N次冻融循环试验后试件质量，以3个试件质量平均值计算，kg。

2.4.4 轻骨料混凝土三温冻胀性能试验

按照北方地区实际温度气候变化情况和当地水工建筑物受冻状态设计。试件：Φ100mm×100mm圆柱体；振捣密实，浇注成模，成型后标准养护28天后拆模；试验仪器：可三个方向控温的三温冻融循环试验机，即为试件上表面温度控制（顶板或冷源）、下表面温度控制（底板或热源）、周围温度控制（环境温度），试验箱体内部配有可控风速的内部循环风机，实验过程中箱体内部配有补水装置，始终保持轻骨料混凝土处于饱水状态。冻结过程中顶板温度设置为-30℃，底板温度设定为1℃（根据北方地区地理环境中混凝土受冻过程设计）；12个试件为一组，按纤维掺量的不同共分为4组，试验前4天将试件放入15℃~20℃水中，实验前测定质量，每次冻融设计在12h内完成，融化时间控制在整个冻融时间的1/3内，冻融结束后，取出试件称重，测定动弹模量和超声波波速等。

2.5 本章小结

本章对轻骨料混凝土的早期力学性能、粉煤灰轻骨料混凝土耐久性能、冻融循环、轻骨料混凝土的冻胀性能测试等试验方案进行了设计。

通过对轻骨料混凝土早期性能的研究，了解轻骨料混凝土的各项性能的发育情况，确定其发育规律。由于采用粉煤灰包裹技术，所以主要考虑了粉煤灰掺量对轻骨料混凝土在后期强度、抗渗、抗碳化等耐久性方面的影响。在冻融循环试验中，在基准LC30轻骨料混凝土的基础上，增加了碎石与轻骨料混掺组和纤维增强轻骨料韧性组作为对比组，对这三组进行纤维增强轻骨料混凝土的物理力学性能、轻骨料混凝土在冻融单独作用下的耐久性、冻融循环作用下纤维轻骨料混凝土和碎石混掺轻骨料混凝土的质量、强度损失性能以及纤维轻骨料混凝土的损伤性能进行系统地研究。对比各类混凝土抗冻性能的优劣性，初步建立纤维轻骨料混凝土冻融次数与损伤度的关系。

设计模拟实际环境下的冻胀性能试验，内容包括掺入纤维比例对轻骨料混凝土弹性模量、强度等的影响，以及冻胀量的发育情况进行试验设计，纤维对于改善轻骨料混凝土的冻胀变形性能的作用；对比轻骨料混凝土，研究不同纤维对轻骨料混凝土的抗冻性能和冻胀性能的影响程度；纤维增强轻骨料混凝土冻胀协调变形能力进行研究，结合北方灌区实际特殊环境，对纤维掺量 $0.9kg/m^3$ 的纤维轻骨料混凝土进行模拟实际环境下的冻融循环试验，确定在实际温度变化情况下，纤维轻骨料混凝土抗冻性能。

依据轻骨料混凝土循序递进的客观认识规律，根据各系列试验的特点，设计了相对应的试验方法，保证试验方法既正确又能反映轻骨料混凝土性能变化规律，各试验之间具有连续性、可比性和递进性。

第3章 轻骨料混凝土28天早期性能及耐久性试验研究

3.1 轻骨料混凝土早期力学性能研究

轻骨料混凝土由于孔隙率大、密度低，抗冻性和保温性较好，近些年在北方很多地区被广泛使用。由于使用时间较短，对轻骨料混凝土各方面的性能认识存在不足，尤其是早期力学性能方面。混凝土的早期阶段与整个期望的使用年限相比虽然是微不足道的，但在这段时间内却要经过许多施工操作、施工工序。这些工序不仅受到材料性能的影响，同时也反过来对材料的性能产生作用。另外由于轻骨料混凝土材料的抗拉强度较低，轻骨料混凝土构件在水化热应力、自收缩、干燥收缩以及外荷载作用下极易产生裂缝，从而在轻骨料混凝土完全硬化之前，整个结构的耐久性和工作寿命便由于轻骨料混凝土早期阶段产生的各种裂缝而受到严重影响。

另外，混凝土在早期的若干特性虽然并不成为材料一直具有的固有特性，但却要影响到混凝土结构的长期性能，所以针对轻骨料混凝土，对其进行早期性能的研究是有必要的。

在轻骨料混凝土在早期性能研究中，主要研究轻骨料混凝土试件在28天龄期内的力学性能变化、发育情况，以及酌量使用减水剂对轻骨料混凝土早期性能的影响。

3.1.1 试验概况

1. 试验设计

按照GB/T 50081—2002要求设计，抗压强度试件为150mm×150mm×150mm立方体试件；弹性模量试验：150mm×150mm×300mm；棱柱体强度试验：150mm×150mm×300mm；采用标准模成型，标准养护3天、7天、14天、

28天，取出试件做抗压强度、棱柱体强度测定，试验机为YZW-3000微机程控制压力试验机。

2. 试验配合比

本次试验采用LC20、LC25、LC30 3个强度等级，各等级分*A*、*B*、*C*三组，每组试件3块，取平均值；减水剂掺量按胶凝材料用量的0.5%、1%、1.5%掺入。混凝土配合比见表3.1。

表3.1　混凝土配合比

强度	水泥	水	轻骨料	砂子	粉煤灰	减水剂	水灰比
LC30A	371.2	180.5	634	690	92.8	2.32	0.48
LC30B	371.2	171	634	690	92.8	4.64	0.45
LC30C	371.2	160	634	690	92.8	6.96	0.42
LC25A	345	162	647.2	703.0	72	2.085	0.47
LC25B	345	153	647.2	703.0	72	4.17	0.44
LC25C	345	141	647.2	703.0	72	6.255	0.41
LC20A	324	153	661.4	719.7	67.2	1.956	0.47
LC20B	324	146	661.4	719.7	67.2	3.912	0.45
LC20C	324	139	661.4	719.7	67.2	5.868	0.43

3.1.2　试验数据统计结果

按照试验标准及规范和试验设计试件（见表2.14），对轻骨料混凝土进行棱柱体抗压强度测定（f_c）、立方体抗压强度测定（f_{cu}）、应变测定（ε）以及弹性模量测定（E），试验数据结果见表3.2。

表3.2　轻骨料混凝土试验结果

强度	3d				7d			
	f_c	f_{cu}	ε	E	f_c	f_{cu}	ε	E
LC30A	10.26	13.2	0.0048	17.2	13.53	17.1	0.003	20
LC30B	12.2	15.7	0.0051	19	19.54	24.7	0.0039	24.2
LC30C	11.41	14.69	0.0049	18.3	19.76	24.98	0.0029	24.3
LC25A	8.54	10.99	0.0042	15.2	13.85	17.51	0.0037	20.3

（续表）

强度	3d				7d			
	f_c	f_{cu}	ε	E	f_c	f_{cu}	ε	E
LC25B	11.26	14.49	0.005	18.2	14.78	18.69	0.0041	21
LC25C	11.795	15.18	0.0051	18.7	15.11	19.1	0.0051	21.2
LC20A	7.39	9.51	0.0039	13.8	10.465	13.23	0.0049	17.2
LC20B	7.68	9.88	0.0034	14.2	11.335	14.33	0.0041	18
LC20C	8.27	10.64	0.0037	14.9	11.84	14.97	0.0053	18.5
强度	14d				28d			
	f_c	f_{cu}	ε	E	f_c	f_{cu}	ε	E
LC30A	20.93	26.3	0.0041	24.9	25.44	32.2	0.0021	27.12
LC30B	21.97	27.6	0.0034	25.4	26.16	33.12	0.0021	27.43
LC30C	22.37	28.1	0.0021	25.6	26.84	33.98	0.0014	27.7
LC25A	15.06	18.92	0.0035	21.1	20.41	25.84	0.002	24.67
LC25B	17.99	22.6	0.0034	23.2	21.93	27.76	0.0019	25.47
LC25C	19.22	24.15	0.0041	23.9	22.65	28.67	0.0013	25.83
LC20A	12.545	15.76	0.0033	19.1	18.431	23.33	0.0034	23.51
LC20B	14.057	17.66	0.0035	20.4	18.589	23.53	0.0032	23.61
LC20C	14.97	18.81	0.0026	21.1	19.36	24.51	0.0021	24.07

注：f_c和f_{cu}的单位为 MPa，弹性模量 E 的单位为 GPa。

3.1.3 轻骨料混凝土轴心与立方体抗压强度关系

在轻骨料混凝土的抗压强度试验中，由于棱柱体的受压状态和实际工程中受压构件的状态比较接近，因此对轻骨料混凝土棱柱体抗压强度fc（MPa）的测试具有重要意义，棱柱体抗压强度为轻骨料混凝土棱柱体试件（150mm×150mm×300mm）在压缩过程中的峰值应力。图3.1得出了轻骨料混凝土棱柱体抗压强度与立方体抗压强度的关系。可以看出，随着轻骨料混凝土立方体抗压强度的提高，棱柱体抗压强度也相应提高；试验中出现部分点远离曲线程度较大，这是由于轻骨料混凝土中轻骨料为火山岩，确切地说是熔融的岩浆随火山喷发冷凝而成的密集气孔的玻璃质熔岩形成，每块火山岩的组成虽然相近，但仍然存在一定的

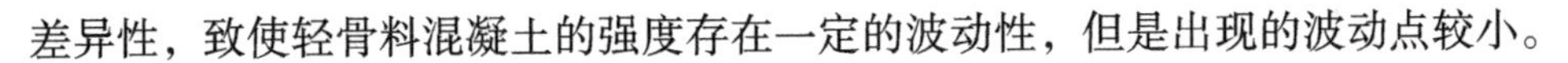

差异性，致使轻骨料混凝土的强度存在一定的波动性，但是出现的波动点较小。

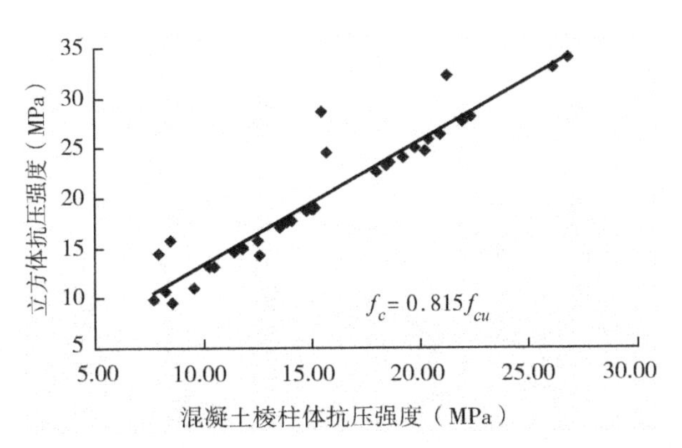

图 3.1　轻骨料混凝土 f_c 和 f_{cu} 的关系

同时发现，轻骨料混凝土棱柱体抗压强度和立方体抗压强度的比值为 0.79 ~ 0.87，比普通混凝土（0.76）高，主要是因为轻骨料混凝土孔隙率大、材质疏脆，在轴向荷载的作用下，轻骨料混凝土立方体试件横向约束作用较普通混凝土弱，导致立方体抗压强度与棱柱体抗压强度相比增加不多，表现为轻骨料混凝土的 f_c/f_{cu} 值较普通混凝土略大。通过试验数据回归分析，得到轻骨料混凝土棱柱体抗压强度和立方体抗压强度的关系式为：

$$f_c = 0.815 f_{cu} \qquad (R = 0.952) \tag{3-1}$$

在轻骨料混凝土拌合过程中，为了尽量阻止轻骨料由于孔隙率大、吸水性强的特点，采用了粉煤灰包裹骨料的方法，但是粉煤灰包裹只能改善而不能完全消除孔隙率对吸水性的影响，所以在其骨料中加入占胶凝材料用量的 0.5%，1%，1.5% 的减水剂，主要目的是在保证拌合轻骨料混凝土的和易性的前提下，尽量减少水量的使用，所以在图 3.2 中由于减水剂的用量不同，其在龄期范围内强度发育情况也不同。对由于同一强度等级而言，随减水剂掺量的增加，轻骨料混凝土强度呈现增加的趋势，但是增加的幅度较小，尤其对于 LC20 等级的轻骨料混凝土，减水剂掺量的变化对其强度影响较小。

在图 3.2 中，各类混凝土在 3 天、7 天、14 天、28 天立方体抗压强度和棱柱体抗压强度的发育情况中可以看出，轻骨料混凝土在早期力学性能的发育中，各类轻骨料混凝土发育都较为稳定，0.5%、1%、1.5%掺量的减水剂对强度影响幅度较小。

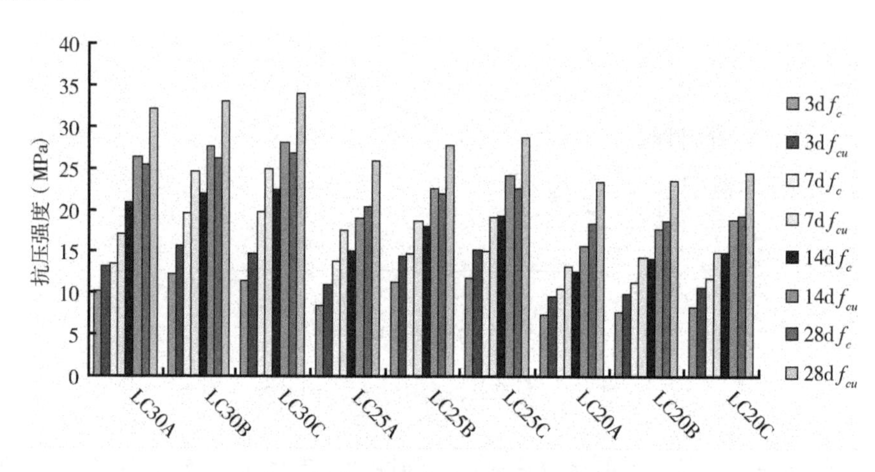

注：x 轴为不同配合比不同龄期的 f_c、f_{cu}

图 3.2　轻骨料混凝土 f_c 和 f_{cu} 在各个龄期的情况

至此可以分析，当减水剂的应用不是强度发育的主要条件时，对减水剂的用量可以按照中间值进行，即按照1%掺量，但是如果采用较低掺量的减水剂，一方面，和易性控制难度较大，另一方面，用水量较高，可能对轻骨料混凝土的强度发育存在较多的不确定性；如果采用相对较高掺量的减水剂如本文研究的1.5%掺量，例如本文研究的是内蒙古地区火山喷发遗留产物，浮石的强吸水性是轻骨料混凝土拌合过程中最需要控制的方面，然而，在拌合完成后浇铸成模进行养护期间，浮石颗粒仍然在吸收水泥浆体内部水分；如果减水剂用量过大（可能大于1.5%）时，将大大地减少轻骨料混凝土的用水量，再加之浮石的吸水，使得水泥和粉煤灰在水化没有完成后，浆体内部水分就已经流失，直接后果就是造成轻骨料混凝土的干缩现象严重，当然对强度的影响也是较为严重的。

所以，在以浮石为粗骨料的混凝土中，减水剂的用量不可以太大，既要尽量减少拌合用水保证较高强度的同时，也要保证轻骨料混凝土自身合理的水分含量，确保轻骨料混凝土既能完全施展其在强度方面的能力，又不会出现干缩现象。本文在综合混凝土表面情况、强度等各方面性能，建议1%的减水剂掺量还是比较好的。

3.1.4　轻骨料混凝土在龄期内受压破坏形态

在早期性能研究试验中，对各个龄期的轻骨料混凝土立方体试件都进行了强度测定，并且进行受压直至完全破坏，观察破坏过程。试验过程中发现，LC30、LC25、LC20轻骨料混凝土在同一龄期下受压破坏的形式基本相同，而且由于LC30的轻骨料混凝土试件在破坏过程中，同组内的几个试件在受压过程中的裂缝发育趋势、形成位置、裂缝扩展后破坏形态基本相同，相对于另外两组轻骨料混凝土更加具有代表性，所以对于轻骨料混凝土受压破坏过程的研究，本节取LC30混凝土在各个龄期受压到破坏的过程来代表。

在3天龄期的轻骨料混凝土受压到完全破坏过程（见图3.3），首先我们看到3天龄期的混凝土试件从标准温度、标准湿度的养护箱内取出后，表面是比较干燥的。分析原因：排除了养护条件变化、缺水、湿度降低等因素（发现养护箱内其他普通混凝土试件基本保持良好的湿度表面），原因可能在于轻骨料本身，一方面本文研究的轻骨料混凝土在配制时为了控制水量，采用粉煤灰包裹技术；另一方面轻骨料颗粒具有较高的吸水性（见图2.3），尤其是在前3天内，所以导致混凝土试件看上去比较干燥。但是在7天以后的试验中，可以看出混凝土试件表面湿度较大，主要原因；一方面轻骨料颗粒吸水能力随吸水量增加有所降低；另一方面，随着水化程度的逐步完善，混凝土内部致密程度增加，浮石骨料吸收水分的途径变得艰难，使得在7天以后从养护箱内取出的试件在同样的养护条件下湿度较大，见图3.4。

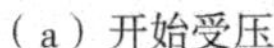
（a）开始受压

（b）微裂纹出现

图3.3　3天龄期立方体试件破坏过程

（c） 裂纹扩展

（d） 破坏阶段

图 3.3 3 天龄期立方体试件破坏过程（续）

（a）开始受压

（b）微裂纹出现

（c）裂纹扩展

（d）破坏阶段

图 3.4 7 天龄期立方体试件破坏过程

LC30 轻骨料混凝土试件在 3 天龄期时进行立方体受压破坏，受压及破坏过程见图 3.4，在受压开始后，裂缝首先从立方体外层向内侧扩展，微裂缝首先出现在外层，且在初始裂缝出现后，后续裂缝很快地出现，并且迅速布满整个试件的表面；在受压到峰值时，立方体横向出现膨胀现象，明显表现出塑性特点，外层裂缝和内部裂缝几乎同时扩展、贯通；继续受压后试件破坏，几乎没有形成较为明显的破坏面，在加载到图 3.4（d），此时混凝土试件已经完全失去抵抗能力，而且从破坏后的块体上了解到，骨料并没有剪切破坏的迹象。可见 3 天龄期对于轻骨料混凝土来说，硬化的速度较普通混凝土慢，表现出的塑性变形很明显。

7 天的龄期养护后进行加载试验，开始加载直至到达峰值过程中，裂缝仍然首先出现在外层，但内层裂缝出现的较晚，而且随着加载的程度加强，外层裂缝开始扩展、贯通，内层裂缝没有表现出明显的发育迹象，在横向变形方面没有表现出较为明显的膨胀；继续加载后试件破坏，剪切面沿着外层裂缝贯通路径形成破坏，出现距离表面 1.5cm 左右的破坏片体，并且可以较完整地从破坏面上分离，从破坏后分离的片体可以看出此时骨料已经有将近 70% 左右被剪切破坏。可见 7 天龄期对于轻骨料混凝土来说，仍能看到塑性较强的痕迹，表现出的脆性能力也很明显。

标准养护 14 天后，从加载到试件达到峰值强度期间（见图 3.5），裂缝发育的开始点明显较标准养护 7 天时靠后，且初始裂缝出现的位置有向内层靠拢的趋势，内表面出现的裂缝比标准养护 7 天的更加少，受压后横向膨胀变形几乎没有看到，裂缝地扩展沿着外层，但扩展后的剪切面较为靠近试件中部；继续加载直至完全破坏，试件的破坏面沿着剪切裂缝形成贯通，此时从掉落的破坏面上可以看到近 90% 多的骨料被完全剪切破坏掉了，可见轻骨料混凝土在标准养护 14 天时硬化程度基本完全，脆性能力更强。

试件经过 28 天地标准养护，内部水化程度较高，在进行加载到峰值时，初始裂缝出现的位置仍然位于外层（见图 3.6），但出现的时间已很晚，而且出现裂缝到达到峰值强度的时间很短，外层裂缝贯通速度很快，在试件表面内部没有明显的裂缝；在继续加载后，出现第一个贯通的破坏面（图 3.6（d）），从被剪切下来的破坏面上可以看到，骨料已经被完全破坏，但内部完整性较好，此时试件仍能有一定的强度值，再继续加载后会出现如图 3.7 的情况。

（a）开始加载 （b）微裂纹出现

（c）裂纹扩展 （d） 破坏阶段

图 3.5 14 天龄期立方体试件破坏过程

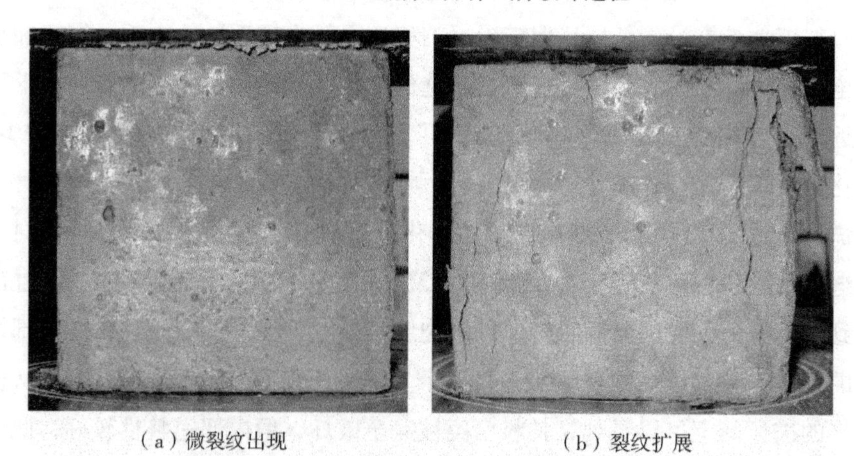

（a）微裂纹出现 （b）裂纹扩展

图 3.6 28 天龄期立方体试件破坏过程

（c）裂纹进一步扩展

（d）破坏阶段

图 3.6　28 天龄期立方体试件破坏过程（续）

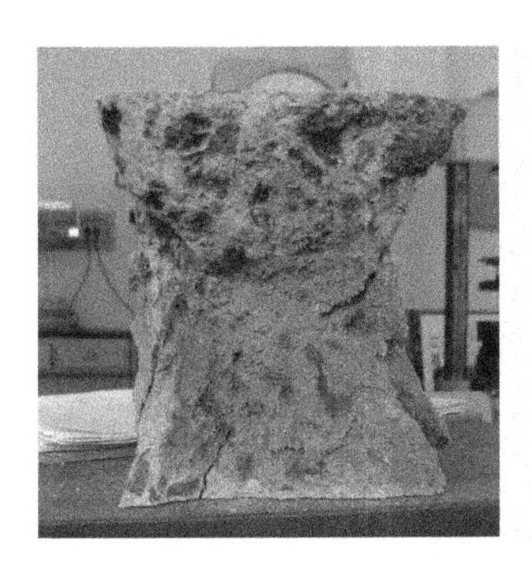

图 3.7　轻骨料混凝土破坏后的界面

对轻骨料混凝土标准养护 28 天的受压破坏形态进行总结，尽管各个不同试件之间破坏形式有一定的差异，但破坏形式还是主要集中在图 3.7 的两种形式，具体破坏过程综述为：随着荷载增加，试件没有出现明显裂缝，当荷载超过试件峰值应力时，试件出现 2 条可见裂缝，裂缝短而细，平行于受力方向，分布于两侧，而后在很短的时间内，试件表面迅速形成贯通的裂缝，有的试件还有劈裂声响。贯通裂缝形成后，试件靠肢体和缝间摩擦力支撑，有的出现了纵向略斜的分支裂缝，承载力趋于稳定。达到峰值时大多数试件未发现爆裂现象，保持了较好的完整性，其基本破坏形态为纵向劈裂破坏，从剪切破坏面上发现轻骨料几乎全部被剪切破坏，见图 3.7，这与普通混凝土不同，但是破坏面与荷载垂线的夹角为 58°~75°，明显大于普通混凝土。

3.1.5 轻骨料混凝土 28 天应力应变关系曲线

1. 应力应变试验

为准确获得轻骨料混凝土的 $\sigma-\varepsilon$ 的应力应变曲线，试验中采用 WHY-3000 型微机控制压力试验机（见图 2.9（d））测定试件的轴向和纵向变形，试验前将试件两个受压面抛光、磨平，加速度控制在 0.2~0.3MPa/s，以保证试件在加载过程中受力的连续性和稳定性。为避免形成应力集中，减轻因端部疏松以及不平对试验结果的影响，试件在正式加载前均进行预加载，预加荷载取预估峰值荷载的 30%~40%，每个试件重复加载 3 次，见图 3.8（试验机加载曲线）。

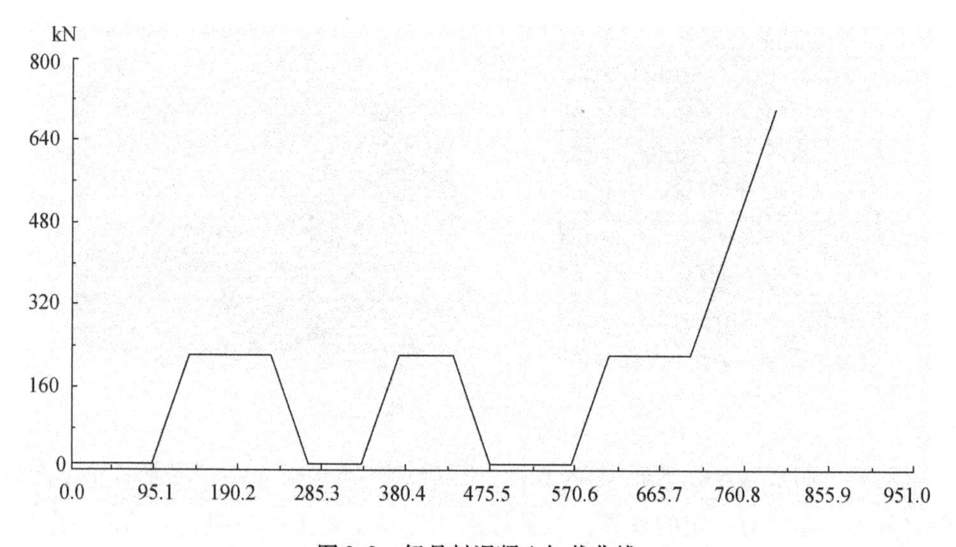

图 3.8 轻骨料混凝土加载曲线

试验采用 150mm × 150mm × 300mm 的棱柱体试件。所有的轻骨料混凝土试件均采用机械拌合或振动台振捣，试模成型，静置后拆模，并移至标准养护室养护至 28 天，选取表面平整度较好、没有明显孔洞的试件，按照水工混凝土试验规程（SL352—2006）进行弹性模量等试验。

由于轻骨料混凝土弹性模量低，泊松比大，其纵向压应变受横向拉应变的影响较大，按照常规混凝土弹性模量的测试方法难以准确测出塑性混凝土的纵向变形。本试验轴向荷载由荷载传感器通过自动数据采集仪采集，纵向应变的测量标距为传感器感应距离，取150mm即试件全长的1/2，将电子位移计卡座固定于试件上，见图3.9。

图3.9 电子位移计卡座安装图及电子位移计

测试试件变形并通过自动数据采集仪进行采集，将自动数据采集仪得到的轴向荷载和轴向变形直接连接计算机，根据变形计算出应变，对完成的一组试件结果整理时剔除，一些由于偶然原因造成的误差，保证每组试件中每个试件可用点数为原有点数的80%以上。根据每组试件最后的数据结果折算后，选取较为理想的应力应变数据绘制轻骨料混凝土应力—应变曲线，见图3.10。

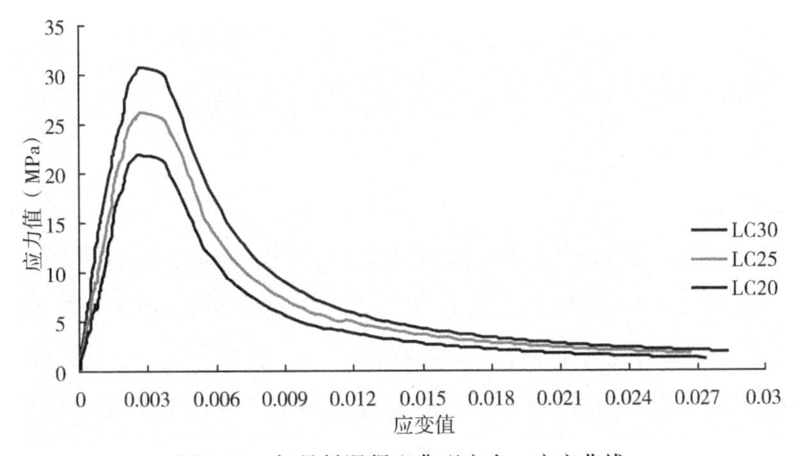

图3.10 轻骨料混凝土典型应力—应变曲线

根据图 3. 10 可以发现轻骨料混凝土的应力—应变全曲线具有如下重要特征：

（1）不同强度等级的轻骨料混凝土 $\sigma-\varepsilon$ 全曲线的形状较为类似，均由上升段和下降段组成，且都有比例极限点、临界应力点、峰值点、反弯点和收敛点。

（2）当应力低于峰值应力的 40%~70% 时，应力与应变近似成比例增长，上升段接近直线；随着应力的增加，轻骨料混凝土的塑性变形加快发展，曲线的斜率变小，至峰值应力时曲线成水平，但没有水平段，随后曲线迅速下降，下降段较陡，应力达峰值应力的 20%~35% 时，曲线趋于水平。

（3）随着轻骨料混凝土抗压强度增加，峰值应变略有增加，但是下降段变陡。总体而言，应变变化比普通混凝土大。

2. 应力—应变曲线拟合关系

对于混凝土的单向受压应力—应变曲线，目前已提出了多种函数形式的方程[55]，如多项式、指数式、三角函数和有理分式等，对于曲线的上升段和下降段，有的用统一方程[56]，有的给出了分段表达式。根据对本文试验结果的分析采用过镇海的分段式方程（3-2）对本文实测的轻骨料混凝土应力应变曲线进行拟合，应力应变曲线拟合关系式采用：

$$\begin{cases} y = a_1x + (3 - 2a_1)x^2 + (a_1 - 2)x^3, x \leqslant 1 \\ y = \dfrac{x}{a_2(x-1)^2 + x}, x \geqslant 1 \end{cases} \tag{3-2}$$

式中：$x=\dfrac{\varepsilon}{\varepsilon_p}$，$y=\dfrac{\sigma}{f_p}$，$a_1$为初始弹性模量与峰值时割线模量的比值；$a_2$为塑性参数；$\varepsilon$ 为任何一点的应变；ε_p 为峰值应时的应变；f_p 为峰值应力；σ 为加载过程中任何一点的应力。

对 $x\leqslant1$ 的上升段进行拟合，将 a_1 和 a_2 作为待定系数处理，拟合程序见附录 1（计算机程序），拟合过程中用到的试验数据见附录 1（x 和 y 的取值来源于测试数据），拟合关系可得到：$a_1=0.5674$，拟合曲线与实测数据点对比图见 3. 11，从图中可见，轻骨料混凝土在上升段的拟合中，除在上部有几处点偏离以外，其他点都能较好地与拟合曲线接近，以这种拟合方法在轻骨料混凝土标准养护 28 天应力应变曲线拟合中表现出很好的拟合效果。对上升段的拟合关系是：

$$y = 1.7837x - 0.6109x^2 - 0.1657x^3 \qquad 在\ x \leqslant 1 \tag{3-3}$$

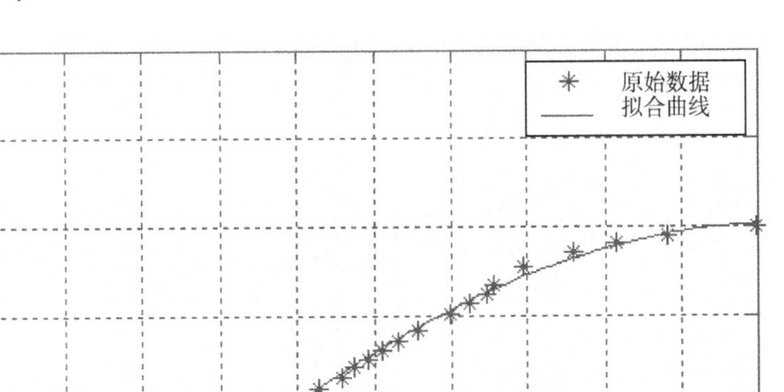
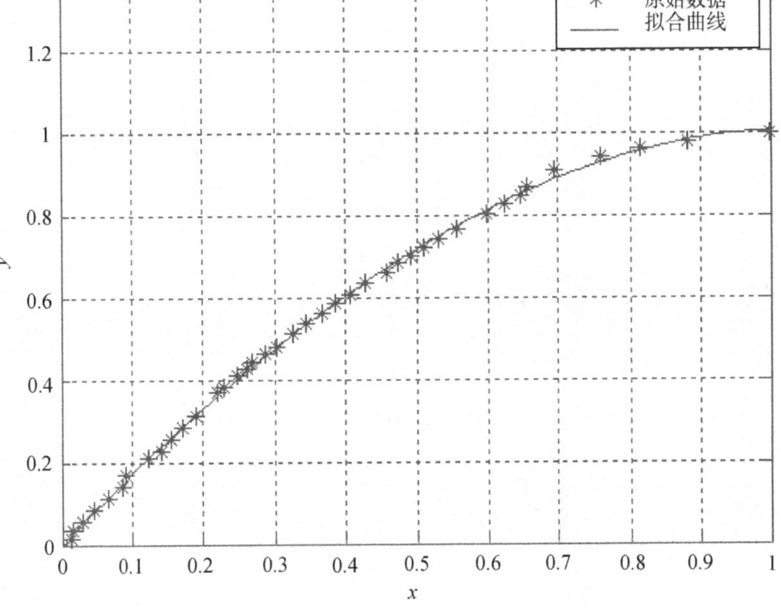

图3.11　轻骨料混凝土上升段应力—应变拟合曲线图

对$x \geqslant 1$的下降段进行拟合，将a_2作为待定系数处理，拟合程序见附录3（计算机程序），拟合过程中用到的试验数据见附录1（x和y的取值来源于测试数据），拟合关系可得到：$a_2 = 2.2775$，拟合曲线与实测数据点对比图见3.12，从图中可见

对下降段的拟合，在$x \geqslant 1$时取值有：

$$y = \frac{x}{2.2775\ (x-1)^2 + x} \tag{3-4}$$

在图3.12中可以看出，总体的拟合效果还是较好的，在x取值1.5～3.5的区间内时，拟合值要小于测试值，图中拟合曲线坐落于测试曲线下方，但是在4.5以后取值时，拟合值大于测定值，拟合曲线出现上飘的趋势。

图3.13为LC30轻骨料混凝土标准养护28天应力—应变拟合曲线与实测的曲线对比，两者拟合效果较好。可见LC30轻骨料混凝土在标准养护28天时可用

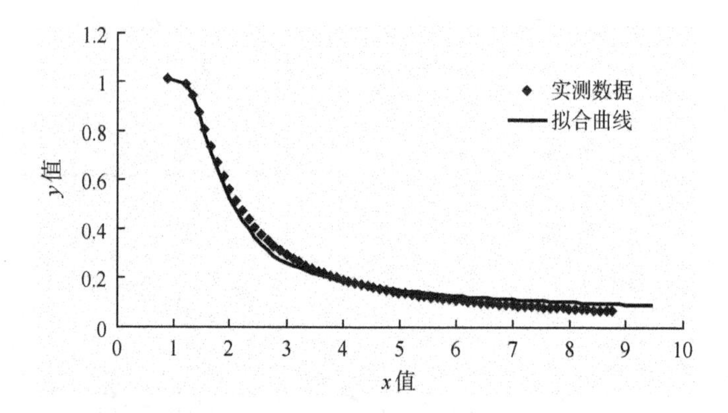

图 3.12　轻骨料混凝土下降段应力—应变拟合曲线图

下列公式拟合应力应变关系：

$$\begin{cases} y = 1.7837x - 0.6109x^2 - 0.1657x^3, x \leqslant 1 \\ y = \dfrac{x}{2.2775\ (x-1)^2 + x}, x \geqslant 1 \end{cases} \tag{3-5}$$

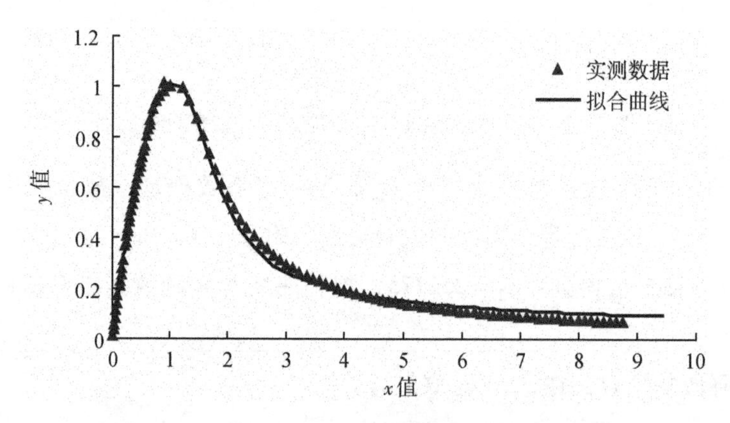

图 3.13　轻骨料混凝土拟合曲线与实际曲线对比

3.1.6　轻骨料混凝土早期弹性模量增长规律

弹性模量是混凝土结构构件内力分析及变形、抗裂分析的重要依据，其大小与骨料和水泥石的弹性模量以及混凝土的强度有关。其应力—应变曲线是非线性的，试验中选取应力—应变全曲线上 $0.4f_c$ 点的割线模量作为轻骨料混凝土的弹性模量，得到的不同龄期抗压强度轻骨料混凝土弹性模量试验结果如表 3.2 所示。

由图 3.14 可以看出，总体趋势是：随着轻骨料混凝土抗压强度的增加，其弹性模量也逐渐增加；但是在试验中，出现一些偏离较大的点，而且可以看出，这些偏离点的测量值大多较普通情况下大，造成这样结果的原因：一方面可能是由于试验中压力试验机加载的速度没有完全控制好，造成试件之间加载速度不能完全统一；另一方面由于轻骨料混凝土本身取自火山喷发后高温岩浆形成的熔岩，浮石骨料颗粒之间成分有一定差异，有些颗粒成分中含有较多类似胶凝材料的物质，这些物质对浇筑后混凝土的影响。

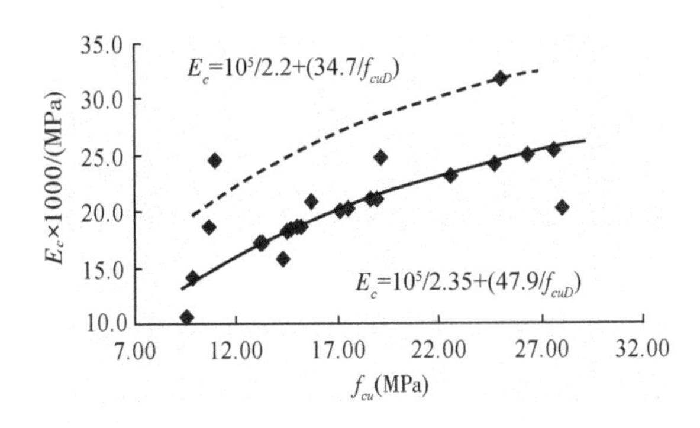

图 3.14　轻骨料混凝土立方体抗压强度与弹性模量关系

根据试验中测得的轻骨料混凝土的弹性模量和不同龄期、不同强度等级的轻骨料混凝土弹性模量发育规律（见图 3.15）可以看出，弹性模量随龄期的增长逐渐增加，而且具有一定规律性，对试验得到的轻骨料混凝土的弹性模量进行数理统计分析，并且针对现行混凝土结构设计规范，利用试验中的强度值代入式（3-6）计算得到弹性模量如图 3.14 所示，计算结果与实测数据进行对比，结果表明：规范过高估计了轻骨料混凝土的弹性模量，高出将近 15% ~20% 左右，说明在同等强度条件下，轻骨料混凝土要比普通混凝土弹性模量低，主要原因为轻骨料浮石属于多孔物质，自身弹性模量较低，从而影响混凝土的弹性模量。

在总结大量试验数据的基础上，利用现行混凝土弹性模量计算公式对试验结果进行统计回归分析后，建议可采用式（3-7）计算轻骨料混凝土的弹性模量。

$$E_C = \frac{10^5}{2.2 + \left(\frac{34.7}{f_{cu}}\right)} \tag{3-6}$$

$$E_C = \frac{10^5}{2.35 + \left(\frac{47.9}{f_{cu}}\right)} \tag{3-7}$$

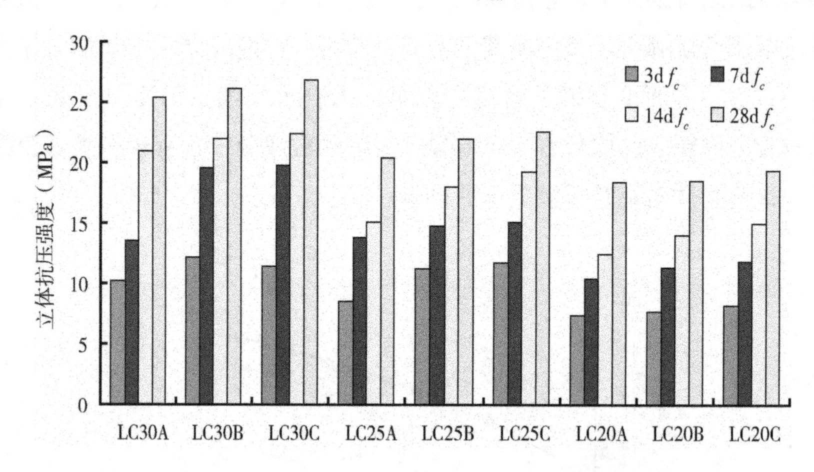

图 3.15 轻骨料混凝土标准养护龄期与弹性模量关系

对不同强度混凝土在各阶段弹性模量测定数据用双曲经验公式进行统计回归、拟合，结果见图 3.16，可得到较为适合轻骨料混凝土 E_t-t 的公式 3-8。

$$E_t = \frac{30.5t}{2.91+t} \qquad R^2 = 0.975 \tag{3-8}$$

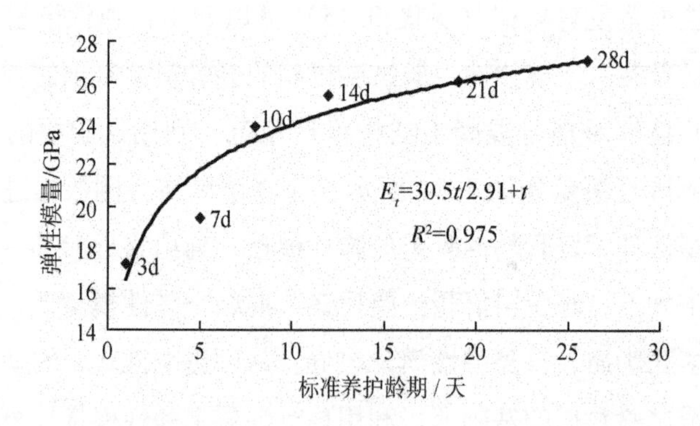

图 3.16 轻骨料混凝土标准养护龄期与弹性模量关系

混凝土的弹性模量与所采用的骨料的密度和强度密切相关。对于普通混凝土，由于采用的骨料基本都是石子和砂子，密度和强度变化不大，所以普通混凝土的弹性模量与立方体抗压强度之间的经验公式（公式3-6）已基本得到了认同，不存在过多的争议。而对轻骨料混凝土而言，由于不同种类的轻骨料的密度和强度变化范围很大，配制出的混凝土的强度和弹性模量也相差很大，要给出一个对于各类轻骨料混凝土都适合的弹性模量经验公式就不是一件容易的事情。

目前所使用的轻骨料混凝土弹性模量经验公式是针对所有类型的轻骨料混凝土的。本文根据试验数据，回归出适合浮石轻骨料混凝土的弹性模量经验公式，与国内外相关规范指标进行对比，证明了回归公式的可用性。

我国轻骨料混凝土技术性能专题协作小组建议[57,58]，轻骨料混凝土弹性模量与混凝土密度和抗压强度之间的关系可用如下的经验公式：

$$E_c = 2.02\rho_c\sqrt{f_{cu}} \tag{3-9}$$

式中　E_c——轻骨料混凝土的弹性模量，MPa；

ρ_c——轻骨料混凝土的表观密度，kg/m^3；

f_{cu}——轻骨料混凝土的标准立方体抗压强度，MPa。

文献[59,60]中也提出了一个轻骨料混凝土的弹性模量随其强度和密度变化的关系式：

$$E_c = 6.2\rho_c\sqrt{f'_{cu}} \tag{3-10}$$

式中　f'_{cu}——轻骨料混凝土（试件尺寸为20cm×20cm×20cm）的抗压强度。

为便于比较，把式（3-10）中抗压强度换算成标准立方体抗压强度，乘以系数1.05，并换算为国际单位，则式（3-10）可写为：

$$E_c = 1.99\rho_c\sqrt{f_{cu}} \tag{3-11}$$

美国ACI 318—95提出的轻骨料混凝土弹性模量[61]的计算公式为：

$$E_c = 0.043\rho_c\sqrt{f_c\rho_c} \tag{3-12}$$

式中　f_c——轻骨料混凝土（圆柱体试件）的抗压强度，MPa。

将式（14）中圆柱体混凝土强度换算成标准立方体强度，换算系数为1.20，得：

$$E_c = 0.043\rho_c\sqrt{1.2f_{cu}\rho_c p} \tag{3-13}$$

式中　p——抗压强度，MPa。

美国 ACI 318—95 规定，式（3-13）适用于表观密度为 1440 ~ 2480kg/m³ 的优质结构混凝土，其偏差为 ±15% ~ ±20%，实测值一般比计算值偏低。试验表明，用以上经验公式计算出的混凝土的弹性模量都偏大[61]。

为找出与实际值符合得更好的经验公式，本文对所测得的试验数据进行了回归分析，考虑到便于与现有经验公式相比较，将回归模型中有关立方体强度 f_{cu} 的随机变量项取为 $\sqrt{f_{cu}}$。这里对上述三种轻骨料混凝土弹性模量计算公式进行总结和归纳，选用了两种不同的回归模型，分别为：

$$E_c = \beta_0 \times \rho_c \sqrt{f_{cu}} \tag{3-14}$$

$$E_c = \beta_1 \times \rho_c \sqrt{f_{cu}\rho_c} \tag{3-15}$$

式中　β_0 和 β_1——拟合方程的待定系数；

E_c——静弹性模量；

f_{cu}——标准立方体抗压强度（即 150×150×150 立方体）；

ρ_c——轻骨料混凝土密度，kg/m³；

本文根据整理后的试验数据对方程（3-14）（3-15）拟合关系得出下列关系式（3-16）、(3-17)：密度范围 ρ_c 为 1920kg/m³ ~1950kg/m³，由于密度变化幅度相对较小，在本文的拟合过程中发现，密度对拟合结果的影响较小。

$$E_c = 2.596\rho_c \sqrt{f_{cu}} \tag{3-16}$$

$$E_c = 0.0564\rho_c \sqrt{f_{cu}\rho_c} \tag{3-17}$$

从拟合方程中看出，本文拟合结果方程系数总体较方程（3-9）、(3-11）和（3-13）的系数大一点，其中方程（3-14）来源于方程（3-9）和方程（3-11），方程（3-15）来源于方程（3-13），拟合试验数据样本取自本章轻骨料混凝土早期力学性能中的试验数据。

图 3.17 为方程（3-14）对试验数据的拟合关系，整体的拟合效果较好，拟合方差 R^2 =0.9833；图 3.18 为方程（3-17）对试验数据的拟合关系，最后拟合方差 R^2 =0.9789。可见拟合的两种弹性模量发育规律方程都能较好的描述轻骨料混凝土的弹性模量增长规律。

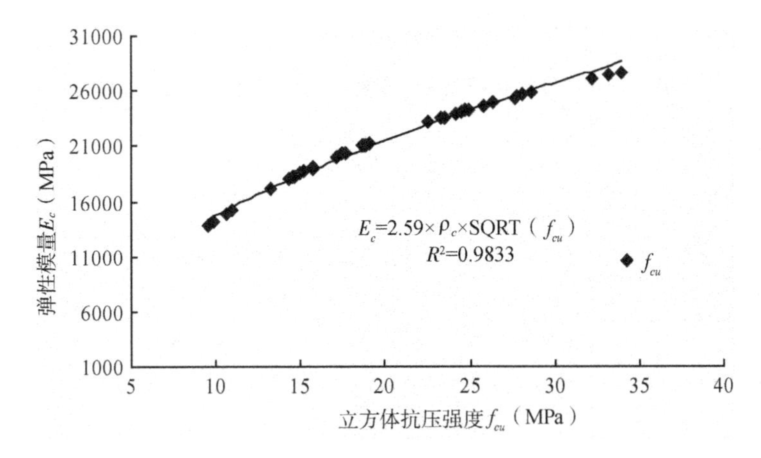

图3.17　方程16拟合关系图

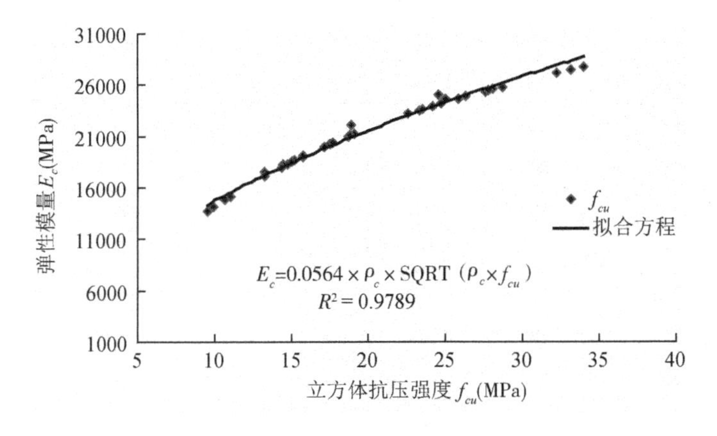

图3.18　方程3-17拟合关系图

表3.3为各种混凝土弹性模量公式的计算值和本试验测定的数据对比表，并对各类公式的计算值与实测值进行对比，进行标准差和相对误差的计算；表中公式（3-8）为我国轻骨料混凝土技术性能专题协作小组建议的公式，公式（3-11）为文献[3,4]总结的弹性模量计算公式，公式（3-13）为美国ACI318-95提出的轻骨料混凝土弹性模量的计算公式，公式（3-6）为利用我国现行混凝土弹性模量计算公式进行拟合后的公式，公式（3-16）和公式（3-17）为本文按照轻骨料混凝土弹性模量计算公式（方程3-9、3-11、3-13）的形式，利用本文研究的天然

浮石轻骨料混凝土的试验数据对待定系数进行拟合后的方程。

表 3.3 轻骨料混凝土弹性模量实测值与经验公式计算值 nit：MPa

时间/天	类别	密度 kg/m^3	强度 f_{cu}	弹模测定值 E	公式 3-9 计算值	公式 3-11 计算值	公式 3-13 计算值	公式 3-7 计算值	公式 3-16 计算值	公式 3-17 计算值
3	LC30A	1950	13.2	17500	14164.32	13953.96	13246.2	17377.57	17502.05	17374.09
	LC30B	1945	15.7	19000	15447.51	15218.09	14446.22	19362.4	19087.62	18948.07
	LC30C	1940	14.69	18300	14942.37	14720.46	13973.83	18591.52	18463.45	18328.46
	LC25A	1945	10.99	15200	12924.31	12732.37	12086.58	15385.8	15969.85	15853.09
	LC25B	1945	14.49	18200	14840.31	14619.91	13878.37	18434.06	18337.33	18203.26
	LC25C	1940	15.18	18700	15189.54	14963.95	14204.97	18970.49	18768.85	18631.63
	LC20A	1945	9.51	13800	12022.61	11844.06	11243.32	13904.42	14855.67	14747.06
	LC20B	1940	9.88	14200	12254.26	12072.27	11459.95	14286.95	15141.9	15031.2
	LC20C	1935	10.64	14900	12716.85	12527.98	11892.56	15046.95	15713.49	15598.61
7	LC30A	1940	17.1	20000	16121.55	15882.12	15076.57	20368.05	19920.49	19774.85
	LC30B	1935	24.7	24200	19375.69	19087.93	18119.78	24815.39	23941.45	23766.41
	LC30C	1940	24.98	24700	19485.2	19195.82	18222.19	24952.8	24076.76	23900.74
	LC25A	1945	17.51	20300	16313.67	16071.39	15256.24	20649.68	20157.88	20010.51
	LC25B	1940	18.69	21000	16854.4	16604.09	15761.92	21429.92	20826.03	20673.77
	LC25C	1940	19.1	21200	17038.26	16785.22	15933.86	21690.99	21053.22	20899.3
	LC20A	1950	13.23	17200	14180.4	13969.8	13261.25	17402.97	17521.92	17393.82
	LC20B	1940	14.33	18000	14758.15	14538.96	13801.54	18306.9	18235.81	18102.48
	LC20C	1940	14.97	18500	15084.11	14860.08	14106.37	18809.25	18638.58	18502.31
14	LC30A	1940	26.3	24900	19993.40	19696.46	18697.45	25579.93	24704.71	24524.09
	LC30B	1940	27.6	25400	20481.57	20177.39	19153.98	26166.1	25307.92	25122.89
	LC30C	1940	28.1	25600	20666.26	20359.33	19326.69	26383.74	25536.13	25349.43
	LC25A	1940	18.92	22100	16957.79	16705.94	15858.61	21576.99	20953.78	20800.59
	LC25B	1940	22.6	23200	18533.73	18258.48	17332.4	23732.02	22901.09	22733.66
	LC25C	1940	24.15	23900	19158.75	18874.22	17916.9	24540.81	23673.39	23500.31
	LC20A	1940	15.76	19100	15477.00	15247.14	14473.8	19406.95	19124.06	18984.24
	LC20B	1940	17.66	20400	16383.4	16140.08	15321.45	20751.32	20244.04	20096.04
	LC20C	1940	18.81	21100	16908.42	16657.31	15812.44	21506.85	20892.78	20740.03

（续）

时间/天	类别	密度 kg/m^3	强度 f_{cu}	弹模测定值 E	公式3-9计算值	公式3-11计算值	公式3-13计算值	公式3-7计算值	公式3-16计算值	公式3-17计算值
28	LC30A	1935	32.2	27120	22122.62	21794.07	20688.66	28021.93	27335.68	27135.82
	LC30B	1945	33.12	27430	22436.43	22103.22	20982.13	28357.14	27723.44	27520.75
	LC30C	1950	33.98	27700	22725.86	22388.35	21252.8	28660.84	28081.07	27875.76
	LC25A	1940	25.84	24670	19817.78	19523.45	18533.21	25365.16	24487.71	24308.68
	LC25B	1945	27.76	25470	20540.85	20235.79	19209.42	26236.2	25381.17	25195.61
	LC25C	1940	28.67	25830	20874.81	20564.79	19521.73	26626.79	25793.82	25605.24
	LC20A	1945	23.33	23510	18830.68	18551.02	17610.1	24119.55	23268.01	23097.9
	LC20B	1940	23.53	23610	18911.22	18630.36	17685.42	24223.64	23367.53	23196.69
	LC20C	1935	24.51	25070	19301.02	19014.37	18049.95	24721.24	23849.19	23674.82
标准差/MPa					4206.99	4466.591	5341.01	526.41	457.26	497.146
相对误差/%					23.312	20.058	24.113	1.798	0.268	0.465

从表3.3中可以看出，现行的关于轻骨料混凝土弹性模量的计算公式在计算本文研究的天然浮石轻骨料混凝土时，得出的结果普遍误差较大，如公式（3-9）的标准差为4206.99MPa，相对误差为23.312%，公式（3-11）的标准差为4466.591MPa，相对误差为20.058%，公式（3-13）的标准差为5341.01MPa，相对误差为24.113%；

利用回归后的轻骨料弹性模量计算公式（3-7）、公式（3-16）、公式（3-17）的计算结果与实测值比较接近，如公式（3-7）的计算结果与实测结果对比后的标准差为526.41MPa，相对误差为1.798%，公式（3-16）的标准差为457.26MPa，相对误差为0.268%，公式（3-17）的标准差为497.146MPa，相对误差为0.465%。可见本文拟合的浮石轻骨料混凝土计算方程更能够反映内蒙古地区天然浮石轻骨料混凝土的弹性模量增长关系，计算结果更接近实测值，而且相对误差远小于原经验公式的计算结果，离散性也降低了很多；同时我们发现公式（3-16）的计算结果最接近实例结果，标准差和相对误差最小。

3.1.7 轻骨料混凝土强度对减水剂反应情况

由于轻骨料材质的特殊性，试验中加入高效减水剂后，轻骨料混凝土的用水量有所下降，水灰比也有明显的下降，增强了轻骨料混凝土拌合后的和易性，内部孔隙率也有明显下降，使得轻骨料混凝土结构更加紧密；另外强度的提高，与减水剂掺量的多少有着一定的联系，如图 3.19、图 3.20 和图 3.21 所示。

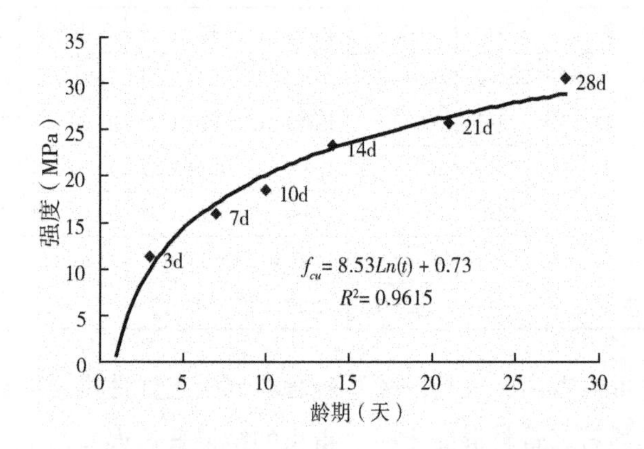

图 3.19 掺 0.5% 减水剂的轻骨料混凝土早期强度变化关系

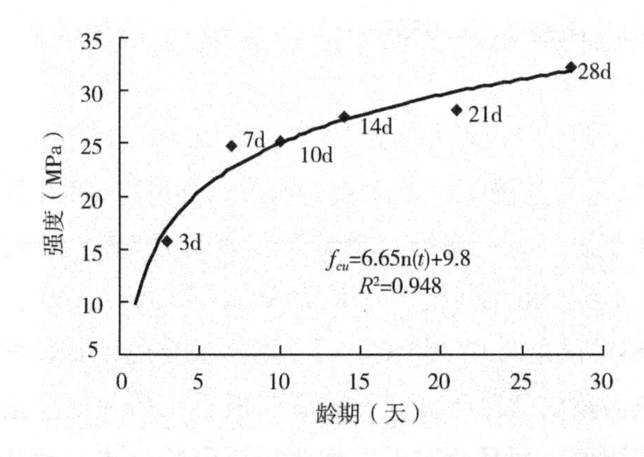

图 3.20 掺 1.0% 减水剂的轻骨料混凝土早期强度变化关系

利用数学模型 $f_{cu} = A\ln t + B$ 对早期强度数据进行回归，分别对掺入减水剂 0.5%、1.0% 和 1.5% 时进行分析，拟合结果如图 3.19、图 3.20 和图 3.21 中的拟合方程，得到对于轻骨料混凝土在掺入减水剂为 0 ~ 1.5% 范围内时，其早期强度模型中 A 的取值在 3.2 ~ 9.26 之间，B 的取值在 0.2 ~ 12 之间，拟合效果相对较好。

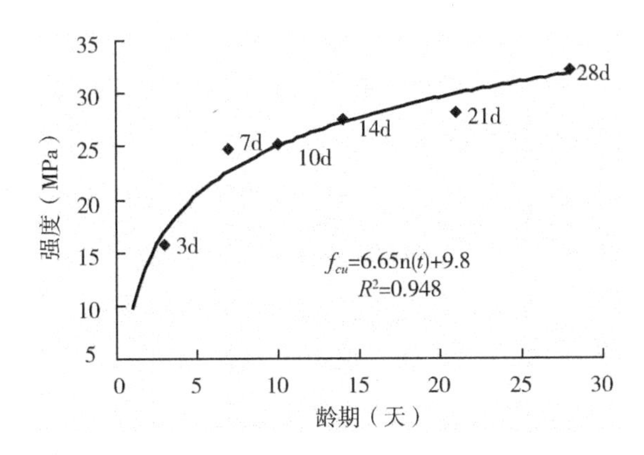

图 3.21　掺 1.5% 减水剂的轻骨料混凝土早期强度变化关系

本文研究的轻骨料混凝土，不同掺量减水剂下的强度与龄期关系方程：

掺 0.5% 减水剂：$f_{cu} = 8.53\ln t + 0.73$，$R^2 = 0.9615$　(3-18)

掺 1.0% 减水剂：$f_{cu} = 3.2079\ln t + 11.48$，$R^2 = 0.9794$　(3-19)

掺 1.5% 减水剂：$f_{cu} = 6.65\ln t + 9.8$，$R^2 = 0.948$　(3-20)

根据试验中上述三种掺量减水剂分析，轻骨料混凝土的强度虽然随着减水剂掺量的增加，有一定增加的趋势，但是强度增加的幅度较小，原因可能为一方面考虑到轻骨料材质特殊，吸水性强，选用的减水剂减水效率较低，减水剂的掺量也较低；另一方面，减水剂在轻骨料混凝土的制作中，主要体现在拌合过程中抵消需要提高和易性而增加的水量，而没有减少轻骨料混凝土硬化过程中的水量。这也是我们在轻骨料混凝土研究中使用减水剂最想得到的结果（原因见 3.1.3 叙述）。

3.1.8　轻骨料混凝土早期性能研究结论

（1）轻骨料混凝土棱柱体试件在单轴受压下的破坏形态为纵向碎裂破坏，随着龄期地增长，脆性破坏表现更强，这一点类似于普通混凝土。但其破坏过程时间较长，从剪切破坏面上发现有轻骨料全被剪切破坏，反应出轻骨料混凝土的材质疏松，弹塑变形较好。

（2）轻骨料混凝土棱柱体抗压强度与立方体抗压强度比值较普通混凝土略高，其值大致为0.79～0.87。

（3）轻骨料混凝土的单轴受压应力—应变全曲线的总体形状与普通混凝土相类似，但由于轻骨料中细骨料的影响，峰值应变与相应的普通混凝土相比明显增大，总体应变历程比普通混凝土要长。

（4）在标准养护条件下，轻骨料混凝土的弹性模量较普通混凝土降低了约15%～20%左右，弹性变形能力较普通混凝土强。

（5）由于轻骨料混凝土自身孔隙率较大，质地较松软，荷载增大时其变形较大，轻骨料混凝土的峰值应变随着混凝土抗压强度和龄期的增加而增加，且14天后增加幅度较小。

（6）试验中使用的减水效率10%左右的β-萘酸钠甲醛高缩聚物减水剂（具体性能见2.1.1）在掺入量1.5%范围内时，对轻骨料混凝土的强度贡献较小，但能大幅度增加混凝土拌合的和易性，这也是本文使用减水剂的主要目的。

3.2 轻骨料混凝土耐久性能的试验研究

本节试验研究的主要内容为粉煤灰轻骨料混凝土抗碳化试验、抗渗试验、氯离子渗透试验、pH值测定以及粉煤灰混凝土的强度试验。

3.2.1 试验概况

按照国家现行规范要求设计，抗渗试件为Φ175mm×Φ185mm×150mm圆台体试件；吸水量试验：100mm×100mm×100mm；电通量试验：Φ95mm×51mm；氯离子渗透试件和碳化性能试件：100mm×100mm×300mm棱柱体试件，采用标准模成型，标准养护28天取出试件做测定，试验机为WHY-3000微机控制压力机（见图2.9（d））、混凝土碳化试验箱（见图2.9（g））、氯离子浓度检测仪图（见2.9（b））、电通量测定仪（见图2.9（c）），抗渗性能试验机（见图2.9（e）），各种试验机在试验前都进行校准或标定。

试验采用掺入20%粉煤灰时的LC30强度等级为基准（取自早期性能研究3.1.1），按照配合比设计规范《普通混凝土配合比设计规程》（JGJ 55—2000）、《混凝土结构工程施工质量验收规范》（GB 50204—2002）和《用于水泥和混凝土中的粉煤灰》（GB 1596—2005）对基准混凝土掺入粉煤灰。按照粉煤灰取代水泥量不同分为7组（见表3.4），其中减水剂掺量按照胶凝材料用量的1.0%掺入。

表3.4　混凝土配合比

强度	水泥	水	轻骨料	砂	粉煤灰	取代量	减水剂	含气量	水灰比
LC30A	464	180.5	634	690	0	0%	4.64	6.60%	0.39
LC30B	371.2	180.5	634	690	92.8	20%	4.64	6.10%	0.39
LC30C	324.8	180.5	634	690	139.2	30%	4.64	6.10%	0.39
LC30D	278.4	180.5	634	690	185.6	40%	4.64	6.05%	0.39
LC30E	232	180.5	634	690	232	50%	4.64	6.10%	0.39
LC30F	185.6	180.5	634	690	278.4	60%	4.64	6.00%	0.39
LC30G	139.2	180.5	634	690	324.8	70%	4.64	6.00%	0.39

含气量测定（见图2.9（e））：将拌好的混凝土分两次装入钵体，分层振实，排除气泡，刮去表面多余部分，用充气阀充气至零点的位置，停3～5s，按动进气阀，表针所指的位置就是混凝土含气量的实测数值。本文研究的轻骨料混凝土含气量在6%左右。

3.2.2　轻骨料混凝土试验结果

轻骨料混凝土28d、90d、180d、240d的抗压强度和渗透性结果见表3.5；各掺量粉煤灰轻骨料混凝土碳化结果见表3.6；轻骨料混凝土各分层的氯离子浓度试验结果见表3.7。

表3.5　轻骨料混凝土强度、渗透等试验结果

强度	f_{28d}	f_{90d}	f_{180d}	f_{240d}
LC30A	32.3	41.2	45.3	43.9
LC30B	27.6	41.5	47.6	49.6

（续）

强度	f_{28d}	f_{90d}	f_{180d}	f_{240d}
LC30C	25.7	42.3	46.9	49.2
LC30D	22.3	39.6	40.1	44.3
LC30E	15.6	31.6	37.0	40.5
LC30F	13.5	26.8	30.1	31.5
LC30G	11.2	23.5	26.7	25.4
渗水高度/mm	**渗透率/cm·s^{-1}**	**电通量/C**	**pH**	**吸水率/h**
49.1	10.65×10^{-6}	998	12.56	6.09%
21.1	2.34×10^{-6}	746	12.51	5.12%
12.1	1.06×10^{-6}	503	12.48	4.83%
16.9	1.67×10^{-6}	306	12.46	4.12%
30.1	4.65×10^{-6}	262	12.25	4.06%
31.2	5.98×10^{-6}	160	12.15	4.05%
34.3	6.86×10^{-6}	126	12.06	3.96%

表 3.6　各掺量粉煤灰轻骨料混凝土碳化试验结果

碳化时间 / 分组（mm）	3d	7d	14d	28d	36d	48d
LC30A	9	20	35	65	90	100
LC30B	9	18	32	52	80	96
LC30C	8	20	30	50	69	81
LC30D	8	17	25	46	72	83
LC30E	7	17	24	37	51	72
LC30F	5	15	25	30	42	61
LC30G	5	15	20	29	39	55

表 3.7　轻骨料混凝土各分层的氯离子浓度试定结果

取样分层 / 组	1	2	3	4	5	6
LC30A	0.51	0.46	0.4	0.32	0.25	0.1
LC30B	0.45	0.4	0.41	0.28	0.04	

（续表）

组＼取样分层	1	2	3	4	5	6
LC30C	0.42	0.35	0.33	0.21	0.02	
LC30D	0.46	0.31	0.25	0.17	0.01	
LC30E	0.34	0.21	0.21	0.13	0.01	
LC30F	0.31	0.14	0.23	0.11	0	
LC30G	0.26	0.09	0.24	0.11	0.01	

3.2.3　粉煤灰对轻骨料混凝土抗碳化性能影响

1. 影响混凝土碳化性能的因素

混凝土碳化的机理是 CO_2 气体通过混凝土中的裂缝与孔隙扩散至混凝土内部，然后与混凝土中孔隙水形成 H_2CO_3，再与 $Ca(OH)_2$ 反应；硬化水泥石中的C-S-H（水化硅酸钙）也可能与 CO_2 反应，造成混凝土本身pH值有所降低，破坏钝化膜。

混凝土碳化的影响因素：

（1）水灰比。决定混凝土性能的重要参数是水灰比，对碳化速度影响较大。水灰比基本上决定了混凝土的孔结构，水灰比越大，混凝土内部的孔隙率就越大。

（2）施工质量。混凝土施工质量对混凝土的碳化速度也有很大的影响。混凝土浇筑、振捣和养护不仅影响混凝土的强度，而且直接影响混凝土的密实度。实际调查结果表明，在其他条件相同时，施工质量好，混凝土强度高、密实度好，其抗碳化性能强；施工质量差，混凝土表面不平整，内部有裂缝、蜂窝、孔洞等，增加了 CO_2 在混凝土中的扩散路径，使混凝土的碳化速度加快。

（3）环境因素。湿度较高时，混凝土的含水率较高，阻碍了 CO_2 气体在混凝土中的扩散，故碳化速度也较慢。当相对湿度为50%～60%时，混凝土的碳化速度最快，因为此时混凝土的孔隙尚未充满水分，CO_2 可以向混凝土内自由扩散，而孔隙中的湿度也为 $Ca(OH)_2$ 向外扩散提供了必要条件，从而使化学反应进行较快；当相对湿度小于25%时，混凝土处于干燥状态，虽然CO_2向混凝土内扩散较快，但水分不足，化学反应很慢；当相对湿度大于95%以上时，混凝土孔隙充满水分，CO_2向内扩散速度降低，化学反应不能进行[69]。

2. 轻骨料混凝土抗碳化性能的分析

根据GB/J 11924—1997试验标准，CO_2浓度（80±3)%，温度（20±2)℃，相对湿度（55±5)%，对7组试件进行碳化试验，结果如图3.22所示：在碳化初期7天，各试件的碳化发育速度基本一致；在7天到14天的阶段，粉煤灰不同掺量试件的碳化速度开始有明显的差异，其中LC30A组试件的碳化发育速度加快，LC30G组试件的碳化速度有轻微放缓趋势，各组试件总体表现为随粉煤灰掺量的增加，碳化速度逐渐缓慢；在14天到48天范围内，粉煤灰掺量的不同对碳化速度的影响将更加突出，相同碳化时间内，随着粉煤灰掺量的增加，其碳化深度变小的幅度增大。

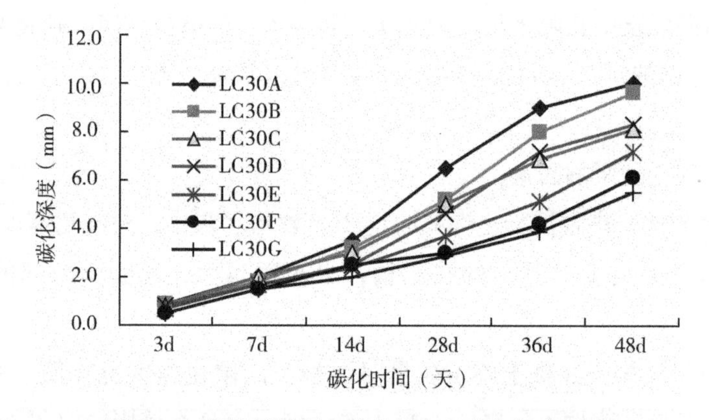

图3.22 轻骨料混凝土碳化时间与碳化深度关系

主要原因是随着碳化时间的不断增长，粉煤灰在混凝土中的水化产物，尤其是托勃莫来石和C-S-H凝胶将逐渐分解[3]，造成混凝土pH值有所降低，使得混凝土中水泥熟料的含量逐渐降低，析出的氢氧化钙数量逐渐减少，而且粉煤灰二次水化反应（主要吸收$Ca(OH)_2$）生成水化硅酸钙，可以使得混凝土碱度降低，也使混凝土在抗碳化能力方面得不到很好的改善，所以在粉煤灰轻骨料混凝土碳化过程中就会表现出碳化深度随时间而加深的趋势，很难起到阻止碳化的作用，如LC30B在48天后碳化程度接近基准混凝土LC30A。但是当粉煤灰掺量大幅度增加，粉煤灰的微集料填充效应将大大增强，使混凝土孔隙细化、结构致密，其效果将大于粉煤灰混凝土中的水化产物带来的不利影响，在一定程度上能延缓碳化的程度。所以在碳化过程中，高掺量粉煤灰混凝土碳化速度较慢。

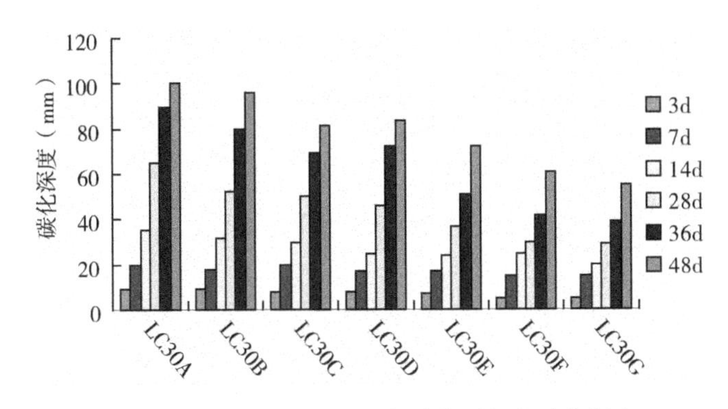

图3.23　轻骨料混凝土在各碳化时间的碳化深度

3.2.4　粉煤灰对轻骨料混凝土抗渗透性影响

混凝土的渗透性，决定了气体、液体以及可溶性有害物质侵入混凝土的难易程度，直接决定着混凝土碳化、侵蚀、锈蚀、抗冻等性能，是影响混凝土耐久性能最重要的因素之一。本文利用试验仪器见图2.9（e），对不同掺量粉煤灰的轻骨料混凝土进行抗渗性试验。

由图3.25可知，当粉煤灰掺量为零时轻骨料混凝土渗透率最大；当粉煤灰掺量在0%~30%范围内变化时，每一组试验中随着粉煤灰掺量增加，其渗透率逐渐减小，即混凝土的抗渗性能随之增大；当粉煤灰掺量在30%~70%时，随着粉煤灰掺量增加，其渗透率缓慢增加，即混凝土的抗渗性能又逐渐降低。混凝土渗水高度测试：在（1.2±0.05）MPa恒压条件下，24h后试件的渗水高度，将试件切开，量测渗透的高度见图3.24。渗水高度随粉煤灰掺量的增加，呈现先减小后增加的趋势；与渗透率的表现类似。由此说明，渗透率和渗水高度与粉煤灰的掺量之间有一个极值拐点。

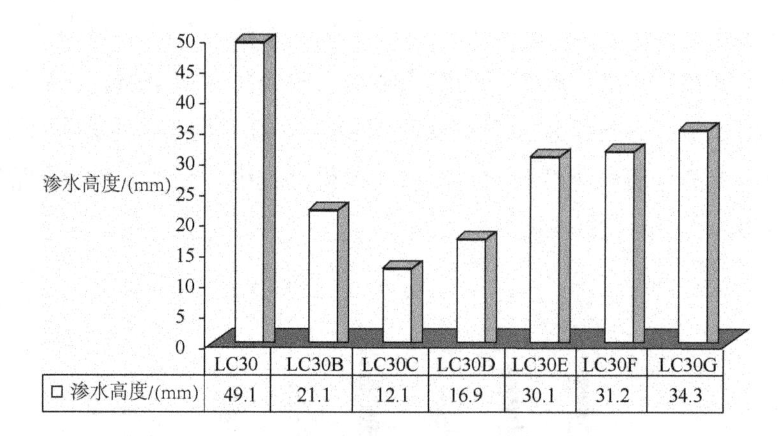

图 3.24 粉煤灰掺量与渗水高度关系

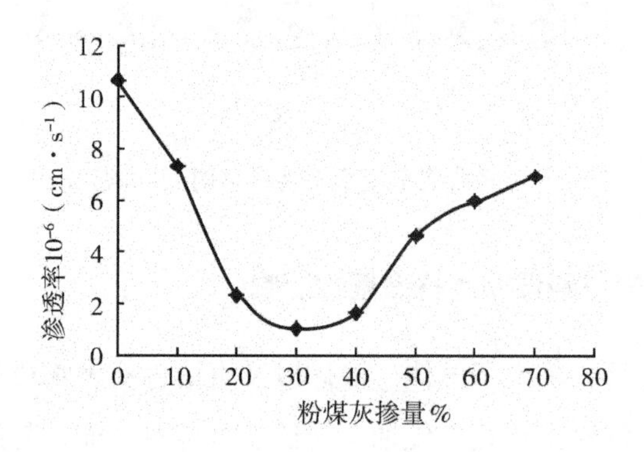

图 3.25 粉煤灰掺量与渗透系数关系

总体对比掺入粉煤灰的轻骨料混凝土与基准混凝土，掺粉煤灰混凝土的抗渗性能总体要好于不掺粉煤灰的基准混凝土的抗渗性能。这是因为基准混凝土由于水泥用量大，水泥水化不完全，且水化热偏高，造成了基准混凝土的密实度较差，而加入粉煤灰能改善混凝土的和易性，使混凝土容易浇捣密实，因而提高了混凝土结构的密实度；粉煤灰中活性成分与水泥组分在外加剂的激发下发生了二次水化反应，生成了低碱度的水化硅酸钙和钙矾石，使得 $Ca(OH)_2$ 明显减少，C-S-H 凝胶体逐渐增多[5]，这些凝胶物质能够阻隔细小的孔洞连通形成的微小孔道与由黏结物料堆积形成的较大管道，使混凝土内部填充密实，因而提高了混凝土的抗渗性和耐久性。另一方面，由于粉煤灰的颗粒较小而且火山灰质活性容易活化，改善了混合物的颗粒结构，使得粉煤灰具有一定的凝胶性。微细的粉煤灰易侵入混凝土中的微细孔隙，其既加速了水泥的水化，又填充了水泥水化后的微小孔隙，使混凝土密实度得以进一步提高，从而改善了混凝土的微孔结构[2]。

当粉煤灰等量取代了部分水泥后，水泥用量降低，而掺入的粉煤灰长时间不断地使混凝土发生二次水化反应，使混凝土的密实度大大提高[4]。但是，当粉煤灰掺量进一步增加后，混凝土的抗渗性能反而会降低，这是由于粉煤灰在硬化过程中造成收缩性增大，产生了微小裂缝；也因粉煤灰掺量过大，代替了部分细骨料，破坏了混凝土的原有级配，不能充分填充混凝土的内部孔隙。因此，粉煤灰掺量过大时，混凝土的抗渗性能反而下降。

对于北方寒冷灌区的水工混凝土而言，抗渗性能对水工混凝土来说是个比较重要的性能，尤其是对于目前大量使用的渠道混凝土衬砌板材。优秀的抗渗性能能够保持混凝土内部水分含量的低水平，保证在秋季浇灌后降低气温骤降对混凝土的冲击。要将混凝土做成完全的不渗透较为困难，保持较小的渗透率在大多数情况下都能起到较好的保护作用，但是低渗透性同样也使得混凝土内部水分向外扩散的能力降低。长期处于水环境中的混凝土内部含水量较高，即使灌溉完成较长时间后水位早已降低，混凝土内部仍然含有较多的水分，再加上持续的低温，混凝土极易由于冻胀而发生损伤，所以保持渠道水工混凝土的高使用率和低存水时间是保护渠道水工混凝土建筑物少受损伤的前提。

3.2.5 轻骨料混凝土抗氯离子渗透能力

利用氯离子渗透率测定仪（见图2.9（b））测试各类试件不同深度处的氯离子浓度。首先将棱柱体100mm×100mm×400mm试件养护28天后，将每个试件的2个正方形截面和3个长方形截面的表面浮浆磨去，然后用酒精清洗干净，最后用环氧树脂涂刷，只留出其中1个长方形截面作为渗透面（与试模侧面相靠的一面）。

将试件放入盛有NaCl溶液的铁箱中浸泡，根据室内温度情况，在浸泡期间按照蒸发量的标准，适当的往铁皮箱内加水，保持试验期间NaCl溶液浓度在

3.5%左右。持续浸泡180天后取出试件，从暴露的长方形面分层钻取粉末试样，研磨面与暴露面平行，分层深度为1层：0～3mm；2层：3～6mm；3层：6～9mm；4层：9～12mm；5层：12～15mm；6层：15～20mm。相同暴露条件下测定氯离子含量。

7组混凝土试件中氯离子浓度随渗透深度变化情况如图3.26所示。同时从表3.6可以看出，随着渗透深度的增加，氯离子浓度降低。掺入粉煤灰后，相同深度处的氯离子浓度减小，到达第5层位置13.5mm深处氯离子浓度已接近于0。

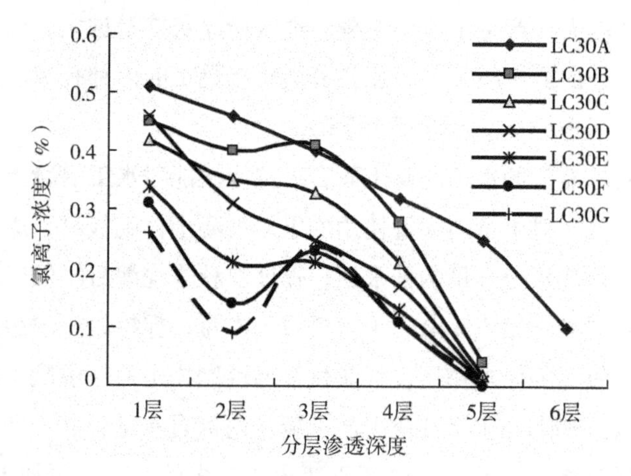

注：1层：0～3mm；2层：3～6mm；3层：6～9mm；4层：9～12mm；
5层：12～15mm；6层：15～20mm；

图3.26 氯离子浓度随渗透深度变化

在试验结果中（如图3.26）还可以发现，在第2层即距离混凝土表面3～6mm的层面上出现氯离子浓度普遍降低的现象，这种降低的程度随着粉煤灰的掺量增加而增加的幅度较大，说明粉煤灰对这层面的现象有一定的影响作用。在对试件氯离子渗透过程进行此详尽分析后，结合轻骨料的材质，发现由于骨料的强吸水性，在混凝土浇筑成模后，内部的水分很快被骨料吸收，而表面由于养护条件为高湿度，所以表层水化（包括水泥水化和粉煤灰的水化）程度较高，致密性也就较好，氯离子在这个层面上能够容留的空间相对较小；另外从图中还可以发现，在第3层氯离子浓度有回升的现象，原因可能是尽管此时轻骨料混凝土水化过程在表面较为完全，但是由于轻骨料颗粒为高孔隙率物质（见图2.2），且孔隙间水分相互连通较为容易，所以骨料这种连通就会为氯离子渗透建立通道条件，避开第2层致密的浆体，向第3层渗透。由于第3层位置较深，此时的水化反应在这一层面上还不完全，所以氯离子在此层相对于2层浓度较高些。

就总体而言，掺粉煤灰混凝土有较强的抗氯离子渗透能力（见图3.27）。混凝土中掺入粉煤灰，能够改善水泥石的界面结构，粉煤灰中活性成分火山灰反应生成的水化硅酸钙（C-S-H凝胶）堵塞了水泥石中毛细孔隙，堵塞渗透通道，增强了混凝土的密实度，且C-S-H凝胶会吸附氧化物于其中，因而提高了混凝土的抗氯离子渗透能力。

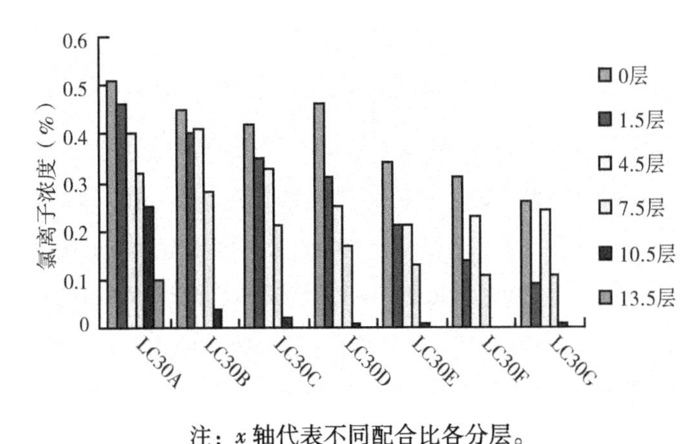

注：x轴代表不同配合比各分层。

图3.27　各类掺量轻骨料混凝土在各分层上的氯离子浓度变化

电通量是反映混凝土抗氯离子渗透能力的一个指标，6h内通过试件的电通量见图3.28，电通量随粉煤灰掺量的增加也表现为减少的趋势，整体趋势较为一致。这说明粉煤灰可以阻止氯离子在混凝土中的渗透速度，延长氯离子渗透到混凝土内部的时间，提高混凝土抗氯离子侵蚀能力。原因是粉煤灰具有一定活性的无机矿物细粉，加入轻骨料混凝土能改善混凝土的微观结构，使混凝土的结构更加密实，从而降低了氯离子在混凝土中的迁移速度[59]。另外，由于粉煤灰颗粒具有空心结构和复杂的内表面，可能增加吸附与反应的场所，对混凝土内部的氯离子吸附起到一定的有利作用。

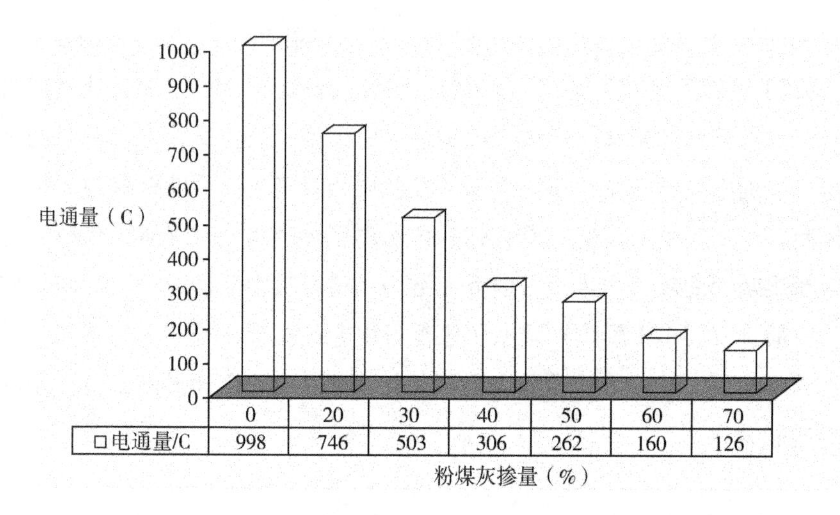

图 3.28 电通量随轻骨料混凝土粉煤灰掺量变化关系

以 pH 值的角度来说明粉煤灰加入轻骨料混凝土后碱度变化对钢筋的作用。掺入粉煤灰，未能影响到混凝土中钢筋的抗锈蚀能力。如图 3.29（图中横坐标下方为各类掺量下 pH 值的测定值），对大掺量粉煤灰混凝土的碱度试验研究发现，粉煤灰掺量为 0%，20%，30%，40%，50%，60%，70% 时，其 pH 值分别为 12.56，12.51，12.48，12.46，12.25，12.15，12.06，即使粉煤灰掺量达到 70%，混凝土的 pH 值仍在 12 以上，尽管加入粉煤灰后，整体 pH 有一定的降低，但仍高于钢筋混凝土结构允许的碱度（11.5）值，高于钢筋表面钝化膜破坏

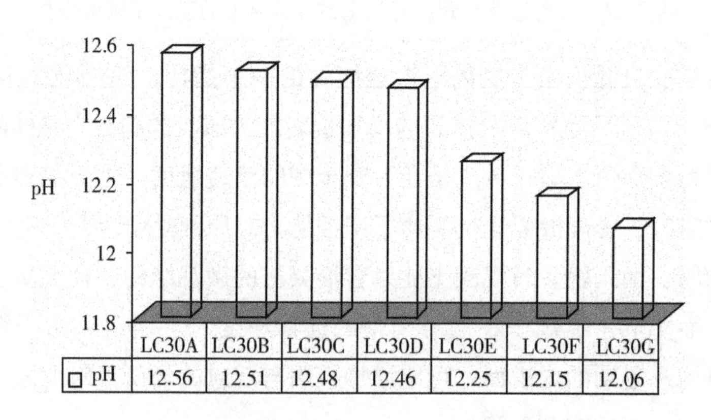

图 3.29 轻骨料混凝土 pH 值随粉煤灰掺量的变化

的临界值 pH = 11.50[63]，说明掺粉煤灰混凝土中的钢筋仍能形成致密的钝化膜。这说明，先前普遍认为在混凝土中掺加粉煤灰会对钢筋造成锈蚀的说法有一定的偏差。

3.2.6　掺粉煤灰对混凝土强度的影响

粉煤灰结构比较致密，比表面积较小，有很多球形颗粒，吸水能力较弱，所以粉煤灰混凝土在拌合时需水量较低，干缩性、抗裂性较好。

如图 3.30 的早龄期所示，粉煤灰发生火山灰反应的程度较低，因此在同一龄期条件下（见图 3.31），随着轻骨料混凝土内粉煤灰掺量的增加，轻骨料混凝土抗压强度随之降低；同时随着龄期的增加，在晚龄期，由于粉煤灰火山灰作用和水泥熟料水化反应的促进作用，以及它的微集料效应，使得在较小掺量情况下即在 30% 的掺量范围内时，粉煤灰混凝土的抗压强度可以赶上和超过基准混凝土的抗压强度。

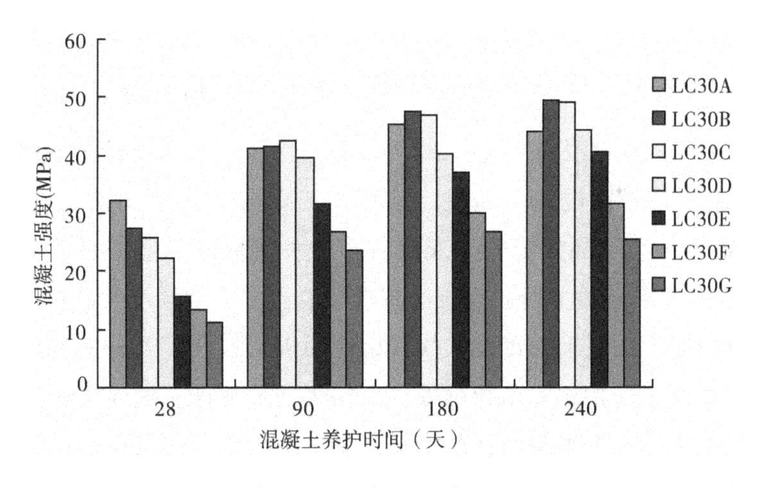

图 3.30　各掺量轻骨料混凝土在各阶段龄期立方体抗压强度

同时试验中发现，在这个掺量范围内，轻骨料混凝土强度稳定性也表现得较好；但当粉煤灰掺量超过 30% 时，粉煤灰混凝土的抗压强度则大大降低，不仅低于基准混凝土的抗压强度，而且降低的幅度将随掺量增加而加剧，在破坏形式上表现出明显的塑性破坏，破坏时声响较小，碎屑散落较多，裂缝发育较快、较多。

由图3.31也可得到，初期每一组试验中随着粉煤灰掺量在0% ~70%之间增加，混凝土的抗压强度随之减弱，90天以后30%的掺量的强度表现出明显的增加，240天后20%的掺量与30%掺量的强度发育较好。表明粉煤灰的掺量应控制在一定的范围内，才能保证混凝土的强度满足设计要求。

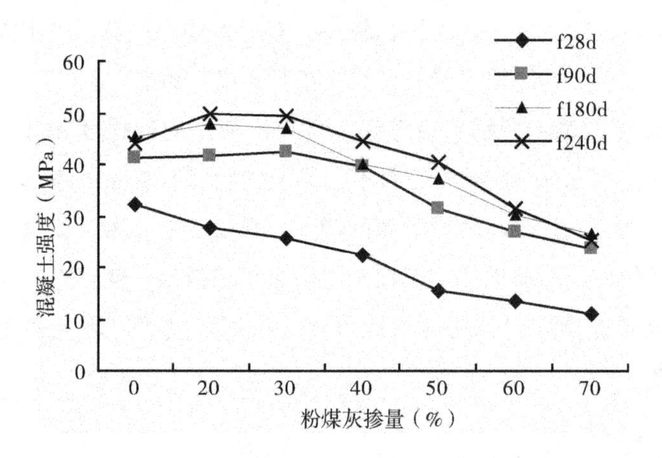

图3.31 轻骨料混凝土粉煤灰掺量与强度变化关系

因此，对于轻骨料混凝土需保证较好的强度而言，用粉煤灰取代水泥作为胶凝材料时，掺量以不超过30%为宜，在20% ~30%区间是较好的。

由图3.32各组不同掺量粉煤灰混凝土在各龄期的强度关系表明，粉煤灰掺量30%以内混凝土的早期强度要比基准混凝土的早期强度发展慢，但后期强度要比基准混凝土的后期强度发展快。因为粉煤灰取代了部分水泥，降低了水泥的浓度，减缓了前期水泥水化强度，而粉煤灰的活性一般要在混凝土浇筑14天后才开始发挥出来，即与水泥的水化产物CH产生二次水化反应，使混凝土的整个水化过程均衡，水化强度平稳，避免了因水化反应过强引起的干缩等不利因素，故而后期强度发育较高。但粉煤灰掺量超过30%，混凝土内部水化作用放缓，粉煤灰的二次水化反应不足以提供混凝土所需强度条件，很难形成较高的强度。

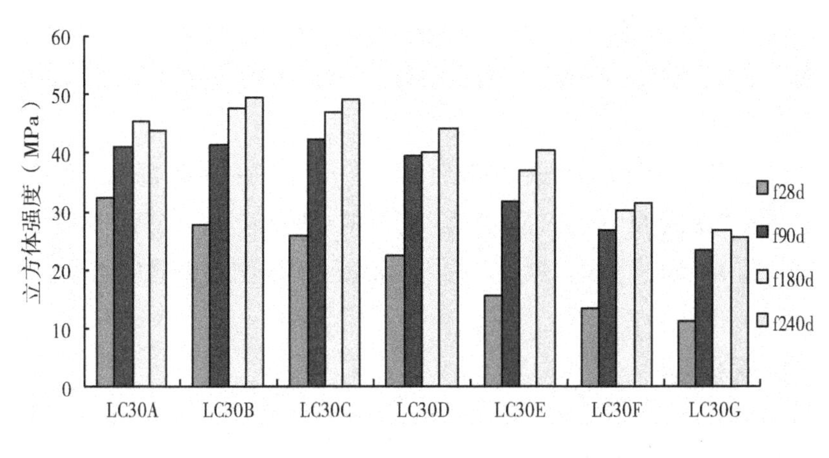

图3.32　各掺量混凝土强度随龄期关系

3.2.7　粉煤灰对轻骨料混凝土耐久性能总结

耐久性是混凝土重要的基本性能。对于混凝土来说，虽然本身就是耐久性能较好的建筑材料，但是如果设计、使用、原料配比或施工质量有缺陷时，有时会很快地在早期出现质量问题，尤其是水工建筑物，所处的工作环境比较恶劣，更加容易出现病害。本文针对轻骨料混凝土在不同粉煤灰掺量下进行抗渗、碳化等方面的性能研究，试验结果为：

（1）粉煤灰取代部分水泥，导致混凝土碱度降低，抗碳化能力改善较小，但粉煤灰的微集料填充效应在一定程度上能延缓碳化的程度。

（2）粉煤灰掺入轻骨料混凝土中，混凝土早期力学性能有所下降。粉煤灰掺量在30%以内时，28天强度的降低率与掺入量基本相当，后期增长率较大；掺量超过30%时，强度的下降幅度大，后期强度增长的时间较长，增长的幅度较小。

（3）总体而言，粉煤灰的掺入能有效地改善轻骨料混凝土的抗渗性能，但粉煤灰的掺量与渗透率、渗透高度并非存在线性关系，而是存在一个极值拐点。试验研究当粉煤灰混凝土抗渗性能最优时，粉煤灰掺量应在25%～32%之间。

（4）掺入粉煤灰的轻骨料混凝土抗氯离子能力明显优于未掺粉煤灰的混凝

土。当掺量在50%以内时，氯离子的渗透能力随粉煤灰掺量的增加呈递减趋势，而掺量在50%～70%范围内时，氯离子渗透能力有一定的波动，且随掺量的增加波动性增大。

（5）轻骨料混凝土在掺入粉煤灰之后，其pH值总体有所降低，但降低的幅度很小。在粉煤灰掺量70%时，pH值仍维持在12.0以上，仍高于钢筋表面钝化膜破坏临界值11.50。所以粉煤灰的掺入对混凝土的钢筋抗锈蚀能力影响极小。

3.3 本章小结

根据轻骨料混凝土早期性能的试验研究，轻骨料混凝土棱柱体试件在单轴受压下的破坏形态为纵向碎裂破坏，这一点类似于普通混凝土。但其破坏过程时间较长，从剪切破坏面上发现有轻骨料完全被剪切破坏，反映出轻骨料混凝土的材质疏松，塑性变形较好，骨料颗粒抗剪切能力较弱，受压破坏时裂缝集中在试件中间部位，且在破坏时掉落较少。

轻骨料混凝土棱柱体抗压强度与立方体抗压强度比值较普通混凝土略高，其值大致为0.79～0.87，弹性模量较普通混凝土降低了15%～20%左右。轻骨料混凝土的单轴受压应力—应变全曲线的总体形状与普通混凝土相类似，但由于轻骨料细骨料的影响，峰值应变与相应的普通混凝土相比明显增大。LC30轻骨料混凝土既能保证较高的强度同时又具有较好的稳定性。由于轻骨料混凝土自身孔隙率较大，质地较松软，荷载增大时其变形较大，轻骨料混凝土的峰值应变随着混凝土抗压强度和龄期的增加而增加，且14天后增加幅度较小。

轻骨料混凝土弹性模量发育形式与普通混凝土类似，用现行轻骨料混凝土弹性模量计算公式对本文研究的天然浮石轻骨料混凝土的弹性模量进行回归，结果表明，现行混凝土的弹性模量计算结果普遍较大。另外，在对现行的轻骨料混凝土弹性模量计算公式进行拟合，拟合后的结果与未拟合的结果进行对比发现，经过拟合后的方程计算结果更加能够接近实测值，拟合后的效果较好，其中方程（3-10）（是对我国轻骨料混凝土技术性能专题协作小组建议公式的改进）拟合效果最好。

粉煤灰取代部分水泥导致混凝土碱度降低，对抗碳化能力改善较小，但粉煤灰的微集料填充效应在一定程度上能延缓碳化的程度。粉煤灰掺入轻骨料混凝土中，混凝土早期力学性能有所下降。粉煤灰掺量在30%以内时，28d强度的降低率与掺入量基本相当，后期增长率较大；掺量超过30%时，强度的下降幅度大，后期强度增长的时间较长，增长的幅度较小。

总体而言，粉煤灰的掺入能有效地改善轻骨料混凝土的抗渗性能，但粉煤灰的掺量与渗透率、渗透高度并非存在线性关系，而是存在一个极值拐点，试验研究当粉煤灰混凝土抗渗性能最优时，粉煤灰掺量应在25%～32%之间。掺入粉煤灰的轻骨料混凝土抗氯离子能力明显优于未掺粉煤灰的混凝土，当掺量在50%以内时，氯离子的渗透能力随粉煤灰掺量的增加呈递减趋势，而掺量在50%～70%范围内时，氯离子渗透能力有一定的波动，且随掺量的增加波动性增大。

轻骨料混凝土在掺入粉煤灰之后，其pH值总体有所降低，但降低的幅度很小。粉煤灰掺量在70%时，pH值仍维持在12.0以上，仍高于钢筋表面钝化膜破坏临界值11.50。所以粉煤灰地掺入对混凝土的钢筋抗锈蚀能力影响极小。

通过对轻骨料混凝土的早期性能研究了解轻骨料混凝土的早期强度发育规律，为水工建筑物施工阶段提供试验研究依据，耐久性的研究针对了水工混凝土常涉及的性能，提供了解决水工轻骨料混凝土耐久性方面的工程需要。

第4章　冻融环境下轻骨料混凝土损伤研究

4.1　冻融循环的影响因素及试验设计

4.1.1　轻骨料混凝土冻融循环试验

寒冷地区轻骨料混凝土抗冻性的评价应以适应寒冷地区严酷恶劣的自然环境为前提。为此，本论文按照标准在水中进行冻融循环的试验方法来评价寒冷地区轻骨料混凝土的抗冻性。

试验通过掺入聚丙烯纤维、高效减水剂、引气剂，用粉煤灰复合取代部分水泥，以及粉煤灰包裹轻骨料和用碎石取代部分浮石轻骨料对LC30强度等级的基准轻骨料混凝土进行掺合、取代（具体方法及混凝土配合比见表4.1），并针对寒冷地区环境特点设计了混凝土冻融循环及循环后损伤性能测定试验。通过比较冻融引起轻骨料混凝土材料的损伤，说明混凝土冻融次数对损伤量的影响，并以损伤量作为评价轻骨料混凝土耐久性的综合指标。

试验分为轻骨料混凝土、聚丙烯纤维轻骨料混凝土、碎石混掺轻骨料混凝土三种，纤维掺量及混凝土编号见表4.1。采用GBJ 82—85《普通混凝土长期性能和耐久性能试验方法》中抗冻性能试验的“快冻法”进行，每种分别在水中进行冻融循环试验，具体试验步骤见4.1.3。对LC30轻骨料混凝土而言，冻融循环次数分别为50次、100次和150次。

4.1.2　试验设计

按照GBJ 82—85要求设计，冻融循环试件为100mm×100mm×400mm长方体试件；抗压强度试件为100mm×100mm×100mm立方体试件；轴心抗压强度试件为150mm×150mm×300mm长方体试件；弹性模量试验：150mm×150mm×300mm；采用标准塑模成型，标准养护箱内养护28d后拆模。混凝土的冻融循环试验按照GBJ 82—85《普通混凝土长期性能和耐久性能试验》中的“快冻法”进行。试验之前混凝土试件需浸泡4日，直至内部达到饱水状态后开始进行冻融循环。在此种状态下，混凝土内部的水分与混凝土基体本身共同决定冻融过程中热量以及质量传递行为。为了明晰水分和混凝土基体在冻融温度场分布及变化过程中的贡献，实验前和实验后分别测定质量，每次冻融设计在4h内完成，融化时间控制在整个冻融时间的1/3内，试件冻结和融化终了时，试件中心温度控制在（-17±2）℃和（+8±2）℃，冻融结束后，取出试件称重，并作抗压强度测定，计算质量、强度损失率。冻融循环结束后，利用动弹模量测定仪和超声波探伤仪对试件进行动弹模量和超声波速的测定。

4.1.3　试验配合比及制备过程

本次试验采用LC30强度等级为基准混凝土，为了增加对比组的性能对比，分别在基准混凝土的基础上掺合纤维和碎石取代轻骨料。因此本试验试件可分为普通轻骨料混凝土（LC）、碎石轻骨料混凝土（SC），聚丙烯纤维0.6kg/m^3，0.9kg/m^3，1.2kg/m^{3}时纤维轻骨料混凝土（PC）3类。减水剂的掺量按照1.0%掺入，碎石取代轻骨料量按照体积率的20%、40%、60%取代。具体配合比见表4.1。

表4.1　冻融循环试验轻骨料混凝土配合比设计　单位：kg/m^3

编号	编号	水泥	水	轻骨料	碎石	纤维	砂	粉煤灰	减水剂	引气剂
轻骨料混凝土	LC	371.2	180	650.2			690	92.8	4.64	0.133
纤维轻骨料混凝土	PCA	371.2	180	650.2		0.6	671.0	92.8	4.64	0.133
	PCB	371.2	180	650.2		0.9	671.0	92.8	4.64	0.133
	PCC	371.2	180	650.2		1.2	671.0	92.8	4.64	0.133
碎石轻骨料混凝土	SCA	371.2	180	520	325		758.3	92.8	4.64	0.133
	SCB	371.2	180	390	650		758.3	92.8	4.64	0.133
	SCC	371.2	180	190	975		758.3	92.8	4.64	0.133

试件制备过程：

（1）用卧式搅拌机（图 4.1）每次搅拌混凝土 20L。首先将轻骨料颗粒控制一定水分的前提下湿润，用粉煤灰包裹搅拌，然后将称量好的砂、碎石、水泥、粉煤灰倒入搅拌机中干拌。纤维的加入方法为：没有加水之前将纤维加入搅拌箱约 3min 后加入水。

图 4.1 JW-60 型卧式混凝土搅拌机和 YH-60Ⅱ型移动式恒温恒湿养护箱

（2）待搅拌箱内拌合物稍湿润后，加入 UF-5 型高效减水剂搅拌均匀约 4min。在此过程中加入试验所需水和引气剂。现场测定所新拌轻骨料混凝土引气量为 $\alpha=6\%$，新拌纤维轻骨料混凝土含气量均为 $\alpha=6.9\%$，新拌碎石轻骨料混凝土含气量随碎石掺量增加而减小为：$\alpha=5.2\%$，$\alpha=4.1\%$，$\alpha=3.3\%$；坍落度 $SL=180\text{mm}>160\text{mm}$，达到高性能混凝土工作性要求即可装入试模成型。

（3）采用塑料模具。由于轻骨料混凝土孔隙率大、吸水性好，装模时需要迅速完成。轻骨料混凝土表面粗糙，灌装时分层灌注，最后送至振动至混凝土表面平整，振动过程不宜太长，避免轻骨料由于振动而浮起来。同时，为避免碎石轻骨料混凝土由于振动时间太长而使碎石沉下去，浮石轻骨料浮上来，对浮上来的颗粒进行捣压，即只要表面呈现釉光时即停止振动。

（4）试件成型后，静置 24h，编号拆模，放入温度为 20±2℃、湿度为 90% 以上的 YH-60Ⅱ型移动式恒温恒湿养护箱（图 4.1）标准养护 28 天。

4.1.4　冻融循环试验仪器

本试验使用标准冻融循环试验机按照标准进行冻融循环试验，由电脑程序控制冻融循环的过程，试验机具体见图4.2。

（a）冻融循环试验机试件箱

（b）箱内试件冻融过程状态

（c）冻融循环试验机程控和采集系统

（d）冻融循环试验机外置制冷压缩机

图4.2　程序控制式冻融循环试验机

4.2　力学性能试验

4.2.1　基本力学性能测试结果

本章对LC30基准轻骨料混凝土和增加纤维的轻骨料混凝土、轻骨料+碎石混凝土对比组进行力学性能的试验，具体配合比见表4.1。目的在于为抗冻性研究提供基础依据，保证后期试验的研究对象在稳定、明确的前提下，对增加的对比组力学性能进行试验分析，研究纤维掺入和随时取代部分轻骨料后，对轻骨料混凝土性能的影响。

按照国家现行标准设计，抗压强度试件为100mm×100mm×100mm立方体试件；弹性模量试验：150mm×150mm×300mm；轴心强度试验：150mm×150mm×300mm；抗折强度试验：100mm×100mm×400mm。采用标准模成型，标准养护28天后取出试件做抗压强度、轴心抗压强度、抗折强度和弹性模量的测定，实验仪器见图4.3、图4.4、图4.5，试验机压力机为YZW-3000微机程控制压力试验机。结果见表4.2。

图4.3 立方体抗压试验机

图4.4 轴心抗压强度和弹性模量试验机

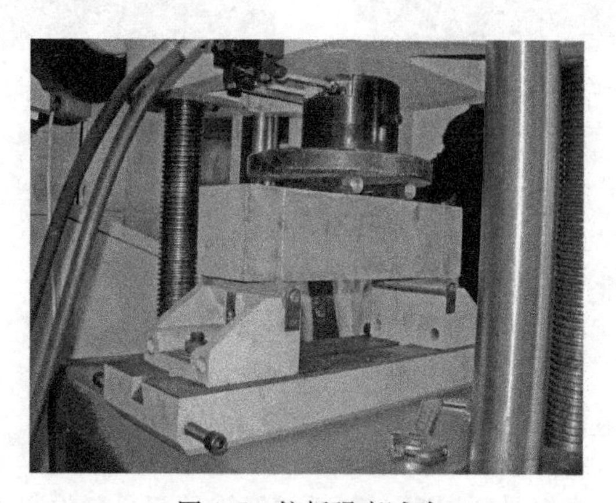

图4.5 抗折强度试验

表4.2　混凝土基本力学性能测试结果　　单位：MPa

类型	编号	抗压强度	轴心抗压	抗折强度	弹模/GPa
轻骨料混凝土	LC	31.3	25.35	4.38	22.7
纤维轻骨料混凝土	PCA	31.5	25.52	6.68	23.3
	PCB	32.1	26.00	6.95	24.5
	PCC	32.6	26.41	7.01	21.9
碎石轻骨料混凝土	SCA	36.6	27.53	3.48	25.4
	SCB	39.8	31.40	2.95	26.9
	SCC	45.5	35.65	2.13	28.1

从表4.2中我们可以看出，纤维和碎石的加入能有效地提高轻骨料混凝土的力学性能，相比之下，碎石更能够大幅度地提高轻骨料混凝土立方体的抗压力学性能，但是抗折强度降低幅度较大，且随着碎石掺量的增加，抗折强度降低。

根据试验结果，新增的对比组力学性能均有不同程度的提高，添加碎石对轻骨料混凝土抗压强度提高幅度较大，强度稳定性增强，强度变化幅度减小。但是，由于碎石的掺入，使得轻骨料混凝土的抗折性能有所下降，韧性能力减弱。

在试验中，纤维的加入明显的提高了轻骨料混凝土的抗折能力（表4.2），轻骨料混凝土强度的提高随纤维的掺入量增加而增加，但强度增加幅度较小；试验过程中还发现，纤维掺入有效地改变了轻骨料混凝土强度变异较大的特点，增强了同组轻骨料混凝土试件强度稳定性。

4.2.2　三类混凝土棱柱体受压裂缝扩展形式及破坏形态

对轻骨料混凝土、纤维轻骨料混凝土、碎石轻骨料混凝土进行棱柱体加载试验，从加载开始直至到达峰值后继续加载至完全破坏，观察各类混凝土试件裂缝扩展形态以及破坏的形貌。

轻骨料混凝土在棱柱体加载的试验过程中，出现少量的掉渣现象。和第三章立方体试件受压破化时相类似，到达峰值应力时出现的裂缝数量较少，主裂缝大多分布于与竖直方向夹角40°~55°的范围内如图4.6（a）所示，且出现的范围较为集中。开始时裂缝扩展程度较小，继续加载后形成贯通的剪切面，贯通的速度很快，裂缝在大约55°的方向扩展并贯通如图4.7（a）所示。轻骨料混凝土沿着剪切面完全断裂，破坏面相对整齐，平整，表现的特征是：粗骨料颗粒完全被剪切破坏，这与第三章轻骨料混凝土立方体试件受压破坏后剪切面表现相同。

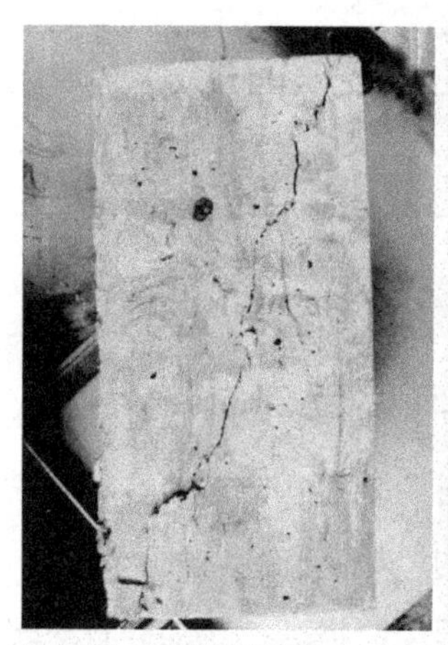

（a）轻骨料混凝土

（b）纤维轻骨料混凝土

（c）碎石轻骨料混凝土

图4.6 轻骨料混凝土、纤维轻骨料混凝土、碎石轻骨料混凝土裂缝扩展形态

（a）轻骨料混凝土

（b）纤维轻骨料混凝土

（c）碎石轻骨料混凝土

图4.7 轻骨料混凝土、纤维轻骨料混凝土、碎石轻骨料混凝土破坏形态

纤维轻骨料混凝土棱柱体试件从加载开始时直至到达峰值时，裂缝发育的方向主要集中于水平方向和竖直方向夹角50°～80°的范围内，且数量较少，但

分布较为分散。继续加载时裂缝扩展，且多数裂缝在不同方向上都进行了扩展如图4.7（b）所示，并伴随有块体的掉落。加载直至破坏后，其破坏面几乎垂直于棱柱体，同时在与竖直方向接近85°角的方向出现整体的剪切破坏面如图4.7（b）所示。完全破坏后由于纤维的拉接作用，混凝土块体并没有完全分离，从图中能够可以看出裂缝扩展的方位较大，几乎布满了混凝土表面，整个过程中几乎没有发生掉渣现象，但达到应力峰值后继续加载出现掉块的现象。

碎石轻骨料混凝土明显的比其它两类混凝土厚实，从加载开始时直至达到峰值应力时，混凝土整个表面开始出现较小的微裂缝，伴随着能听到一丝微弱的声音，同时裂缝的布满程度较纤维混凝土更加高，裂缝几乎布满混凝土整个表面如图4.6（c）所示，到达峰值应力的同时，混凝土水平方向开始出现膨胀的趋势，且水平方向裂缝扩展。到达峰值应力后继续加载，能听到来自混凝土内部较大的连续声音，源于碎石颗粒之间相互滑动、磨擦发出的声音，同时水平方向的膨胀加剧，发展的速度较快，形成的破坏主要集中于45°倾角的方向，最后以倾斜45°方向形成贯通如图4.7（c）所示。在剪切破坏面上，碎石与浆体之间出现明显的松动，印证了加载过程中出现的声音源于粗骨料的滑动现象，但碎石没有被剪切破坏。在剪切面以外的部分，完整性还是较好的，即使在试验中剪切面以外出现部分裂缝，裂缝的扩展程度也很小。

4.3　轻骨料混凝土抗冻性试验

4.3.1　纤维轻骨料混凝土冻融循环后的力学性能试验结果

在经历50、100、150次冻融试验后，轻骨料混凝土、纤维含量0.6kg/m^{3}轻骨料混凝土、纤维含量0.9kg/m^{3}轻骨料混凝土以及纤维含量1.2kg/m^{3}轻骨料混凝土，其强度、质量损失情况的试验结果见表4.3、表4.4、表4.5。

表 4.3 50 次冻融纤维轻骨料混凝土的纤维掺量及试验结果

编号	纤维	50 次水中冻融后试验结果				
	PF	质量损失率/%	强度损失率/%	抗压强度/MPa	弹性模量/GPa	抗折强度/MPa
LC	0	0.05	3.80	28.1	16.9	2.6
PCA	0.6	-0.12	3.54	29.8	18.8	3.3
PCB	0.9	-0.18	2.87	32.9	21.4	4.6
PCC	1.2	-0.1	3.51	31.7	20.6	5.2

表 4.4 100 冻融纤维轻骨料混凝土的纤维掺量及试验结果

编号	纤维	100 次水中冻融后试验结果				
	PF	质量损失率/%	强度损失率/%	抗压强度/MPa	弹性模量/GPa	抗折强度/MPa
LC	0	0.17	5.83	26.9	11.898	1.471
PCA	0.6	0.12	4.54	27.8	13.798	2.180
PCB	0.9	0.08	3.78	29.4	16.398	3.481
PCC	1.2	0.11	4.61	30.5	15.598	4.086

表 4.5 150 次冻融纤维轻骨料混凝土的纤维掺量及试验结果

编号	纤维	150 次水中冻融后试验结果				
	PF	质量损失率/%	强度损失率/%	抗压强度/MPa	弹性模量/GPa	抗折强度/MPa
LC	0	0.23	10.06	21.2	10.657	1.371
PCA	0.6	0.16	9.26	23.5	12.557	2.072
PCB	0.9	0.13	7.52	25.3	15.157	3.386
PCC	1.2	0.16	9.39	24.7	14.357	3.981

值得一提的是，试验过程中，几乎看不到纤维混凝土试件表面剥蚀现象，纤维混凝土表面冻融损伤层非常小，试件横向和纵向相对变形很小，因此纤维混凝土材料密度，泊松比及试件尺寸的变化可忽略。

试件冻融的质量损失率：

$$\Delta W = \frac{G_0 - G_N}{G_0} \times 100\% \tag{4-1}$$

式中 ΔW——N 次冻融循环后试件质量损失率,%；

G_0——冻融循环试验前试件质量，以 3 个试件质量平均值计算，kg；

G_N——N次冻融循环试验后试件质量，以3个试件质量平均值计算，kg。

试件冻融的强度损失率：

$$\Delta f = \frac{F_0 - F_N}{F_0} \times 100\% \tag{4-2}$$

式中　Δf——N次冻融循环后试件强度损失率,%；

F_0——冻融循环试验前试件强度，以3个试件质量平均值计算，MPa；

F_N——N次冻融循环试验后试件强度，以3个试件质量平均值计算，MPa。

质量损失主要是混凝土表面剥落所致，从表4.3、表4.4、表4.5中可以看到，除50次冻融质量增加外，其余均出现随冻融次数的增加质量损失率增长，原因是：浸泡时间较短，一些破坏性反应物数量较少，形成的数量或产生的破坏应力还不足以超过混凝土本身的抗拉强度；另一方面，混凝土内部水分冻融过程，促使孔隙增大，更多的水分进入混凝土内部。这两方面原因导致混凝土的质量有所增加。聚丙烯纤维掺入轻骨料混凝土对质量损失改善作用并不明显。原因在于混凝土质量损失主要是试件表面浆体剥落所致，表面剥落一般使表面浆体层解体，细小的砂粒或浆体颗粒脱离试件表面，在混凝土中乱向分布的纤维，对这种颗粒起不到有效地约束作用。

4.3.2　纤维对冻融后混凝土的力学性能的影响

从表4.3、表4.4、表4.5看出，经过冻融后，就纤维轻骨料混凝土而言，在0~0.9kg/m^{3}范围内，弹性模量随纤维体积率的增加而提高，原因在于加入纤维增加了轻骨料混凝土的韧性，纤维的乱向分布效应使纤维轻骨料混凝土自身致密性提高；超过0.9k/m^{3}到1.2kg/m^{3}时，弹性模量略有降低。掺入1.2kg/m^{3}聚丙烯纤维轻骨料混凝土的弹性模量有所降低的原因在于：聚丙烯纤维的弹性模量相对较小，从而对纤维轻骨料混凝土的弹性模量产生影响较小，同时纤维掺量过高使纤维在轻骨料混凝土中乱向分布密度过大，纤维间容易形成空间致密网络“空包”，再加上随纤维掺量的增加所需的拌合时间增长，有可能拌合时间不足等因素，可能导致轻骨料混凝土浆体难以完全触及每一个角落，形成纤维构建的空心体，最终影响混凝土弹性模量。

另外，对于冻融循环多次后，各掺量的纤维轻骨料混凝土的性能呈现出由 0.6kg/m^3—0.9kg/m^3—1.2kg/m^{3}由增强到削弱的过程；造成上述现象的主要原因在于聚丙烯纤维的掺入对于轻骨料混凝土的抗冻性具有双重效应。一方面，由于新拌轻骨料混凝土中聚丙烯纤维的弹性模量高于早期塑性水泥基材的弹性模量，因此其对新拌轻骨料混凝土具有明显的早期阻裂效应，且聚丙烯纤维直径很细，单位体积内分布根数多、纤维间距小，可以更好地起到抑制轻骨料混凝土塑性开裂的效果。轻骨料混凝土内部裂缝的减少，对于轻骨料混凝土抗冻性的提高是有利的。且在轻骨料混凝土中掺入聚丙烯纤维，可以缓解冻融循环过程中因温度变化而引起的内应力，限制微裂纹的扩展，故掺入聚丙烯纤维后，各组聚丙烯纤维轻骨料混凝土的抗冻性有所提高，这就是为什么掺入纤维的多或少都会较未掺入纤维的轻骨料混凝土在抗冻性上有所提高的原因。

但是另一方面，聚丙烯纤维的掺入对于轻骨料混凝土的抗冻性又存在不利的影响因素。聚丙烯纤维表面的不亲水性使得聚丙烯纤维－硬化浆体界面呈弱界面效应，是聚丙烯纤维增强轻骨料混凝土中最薄弱的环节，随着聚丙烯纤维掺量的提高，这一薄弱界面的数量也随之增多。且纤维掺量的过高会影响新拌轻骨料混凝土的流动性及硬化后的密实度，造成轻骨料混凝土内部有害缺陷的增加，对抗冻性较为不利。这一不利因素，是造成纤维掺量较高的 PCC（纤维掺量 1.2kg/m^{3}混凝土组）组后期相对动弹性模量损失较快、抗冻性反而不及 PCB（纤维掺量 0.9kg/m^{3}混凝土组）组的主要原因。以上两方面的综合原因，决定了聚丙烯纤维虽然可以改善高性能轻骨料混凝土的抗冻性，但其掺量并非越高越好。根据本研究的试验结果，当聚丙烯纤维掺量在 0.9kg/m^{3}时，对轻骨料混凝土抗冻性的改善效果较好。

轻骨料混凝土掺入纤维后，相当于在轻骨料周围形成“箍”的作用，整体纤维网络协同轻骨料工作，经过水中冻融后纤维与混凝土的协同能力更好，使轻骨料混凝土的强度有所提高，混凝土的初裂有所滞后，非常有效地改善了轻骨料混凝土的韧性。

再者，从实验现象中，纤维的掺入增强轻骨料混凝土的表观密度。经历多次冻融循环作用后，纤维轻骨料混凝土仍能保持表面整洁、光滑，尽管棱角有少量剥落、损失，但整体完整性还是较好的。

纤维增强轻骨料混凝土的韧性及破坏形式。本研究在轻骨料混凝土中掺入纤维的主要目的在于改善轻骨料混凝土的脆性，提高其韧性，从而提高其抗冻能力。试验中纤维增强轻骨料混凝土的抗冻性能的典型表现是纤维掺量0.9kg/m^3的混凝土组。纤维对轻骨料混凝土脆性的改善效果直观地表现在轻骨料混凝土破坏形式的改变上（4.2节的研究），对试验进行观察。

4.4　冻融后轻骨料混凝土的性能情况

4.4.1　碎石轻骨料混凝土的冻融后质量、强度

质量损失主要是混凝土表面剥落所致。随冻融次数的增加，质量损失增长；水胶比减小，混凝土的抗剥落性能增强。试验中还观察到一个普遍的现象，即在25次冻融循环试验中，冻融后试件的质量均稍有增加，但碎石轻骨料混凝土较轻骨料混凝土质量增加的量较小，原因是：碎石轻骨料混凝土较轻骨料混凝土密实，饱水状态较好，而轻骨料混凝土由于其孔隙率大、且孔隙分布致密，实验前的浸水未能完全使轻骨料内部充满水份，所以后期冻融过程中，仍然有水分进入混凝土，致使其质量略有增加；碎石轻骨料混凝土由于其中一部分轻骨料被碎石取代，致使碎石轻骨料混凝土孔隙率降低，冻融过程中水分进入较少，质量增加较少。

从表4.6中看出，碎石取代量的不同对轻骨料混凝土质量损失和强度损失率有明显的影响。原因在于混凝土质量损失主要是试件表面浆体剥落所致，表面剥落一般使表面浆体层解体，质地酥软、细小的砂粒或浆体颗粒脱离试件表面，在轻骨料混凝土中碎石的加入不能对这种剥落起到有效的约束作用；另外，碎石替代部分轻骨料，质地较为密实，在饱水状态下的冻结过程中，混凝土内部形成的水分由于冻胀向外迁移的通道较少，迁移较为困难，也就造成冻融过程中的变形较大；同时碎石替代部分轻骨料，致使混凝土内部孔隙率降低，饱水冻融过程中，水分膨胀收缩的空间渐小，形成的冻胀力较大，微裂缝逐步随冻融次数增加

而扩展。多次冻融后，如75次冻融后，碎石轻骨料混凝土质量损失率和强度损失率都有所大幅增加，且随碎石的掺入量的增加而增加。

表4.6 碎石轻骨料混凝土水中冻融循环试验结果

编号（LC35）	25次		50次		75次		100次		150次	
	ΔW（%）	Δf（%）	ΔW（%）	Δf（%）	ΔW（%）	Δf（%）	ΔW（%）	Δf（%）	ΔW（%）	Δf（%）
LC	-0.22	0.69	0.05	3.80	0.10	4.62	0.17	5.83	0.23	10.06
SCA	-0.16	0.55	0.21	4.26	0.54	10.98	0.87	21.47	1.09	32.33
SCB	-0.16	0.47	0.26	5.43	0.79	14.68	1.02	35.67	1.53	无法测定
SCC	-0.18	0.42	0.37	6.88	0.88	17.78	1.13	41.33	2.17	无法测定

表4.6为碎石轻骨料混凝土冻融循环多次后的强度损失情况。可见，随着微观结构的变化，相应的宏观特性也发生明显变化。冻融循环25次时，轻骨料混凝土和碎石轻骨料混凝土的强度都有所下降，但是下降的幅度基本属于同步，因为碎石的掺入并没有完全取代所有的轻骨料，碎石轻骨料混凝土仍有一定的含气量，所以在25次的范围内抵抗冻融循环的作用还是具备一定的能力；但是冻融循环50次以内时，普通轻骨料混凝土强度下降幅度有所增大，但增大的幅度远远小于碎石轻骨料混凝土，碎石轻骨料混凝土强度开始因冻融循环而大幅度降低，且随碎石掺量的增加其强度降低幅度逐渐增大。这是由于轻骨料混凝土在掺入碎石后虽然仍能保持一定的孔隙率，但是随着在水中冻融循环次数的增加，冻融交替的作用不断深入，而碎石的掺入大大减小了混凝土的孔隙率，同时也降低了混凝土的弹性变形能力，脆性表现明显。故50次冻融循环使碎石轻骨料混凝土的缺点初见端倪。到75次冻融循环时，强度损失开始大幅度增加，且随着碎石掺量的增加而增加。到达100次时损失率已经很高，此时碎石轻骨料混凝土所

具有的孔隙率早已不足以抵抗冻融循环带来的破坏力。150次时有些试件破坏严重，已不能构成一个测试组，有的很难进行强度测定。

4.4.2　纤维轻骨料混凝土和碎石轻骨料混凝土的冻融后破坏形式

纤维轻骨料试件多次冻融后进行破坏试验发现，由于纤维的加入有效地改变了轻骨料混凝土的破坏形态，尽管冻融循环作用对混凝土自身性能有一定的降低，但100次冻融循环结束后，纤维轻骨料混凝土仍能保持完整性见图4.8。对试件进行破坏研究时，在裂缝形成后，桥架在裂缝间的纤维开始工作，使裂缝扩展滞后，并由于纤维从集体中抽出需要大量的变形能，因而与未掺纤维的试件相比，其破坏形态发生了较大的改变。破坏时先有撕裂的声响，随即有一声沉闷的声响而最后破坏，破坏时无碎块迸出，裂缝随对角线防线扩展，并且随着冻融次数的增加，其破坏形态趋于缓和。

图4.8　纤维轻骨料混凝土冻融后形态

因此纤维的掺入极大地改善了轻骨料混凝土的受压、变形和破坏特性，由脆性破坏转变为塑性破坏形态。对于未掺入纤维的试件，其最终的破坏形态为正倒分离的四角锥形。在试件接近破坏时，试件跨中出现裂缝。由于试验机的刚性较小，积蓄在试验机上的变形能迅速释放，使试件受到剧烈冲击，伴随嘈杂声响，试件碎裂，表现出较为明显的脆性破坏形态。碎石混凝土在100次冻融结束后进行破坏试验研究发现，试件的自身性能下降很大，破坏时表现出明显的塑性破坏性能。

三类试件在经历多次冻融循环试验后，轻骨料混凝土和纤维轻骨料混凝土仍能保持其较好的完整性，表面剥落的程度较小，纤维轻骨料混凝土表面明显好于轻骨料混凝土。但是进行破坏试验时，其虽然能保持一定的强度，但破坏也表现出明显的塑性变形形式。碎石轻骨料混凝土在100次到150次冻融循环试验后，碎石掺量高的组件表面出现麻面，有的甚至出现露出碎石的情况见图4.9；掺量小的试件其表面形态还好，破坏试验中力学性能下降幅度很大，有的试件已不能完成测试。

图4.9 碎石轻骨料混凝土冻融后破坏形态

总结，通过对轻骨料混凝土、纤维轻骨料混凝土、碎石轻骨料混凝土的冻融循环试验对比，纤维在增强轻骨料混凝土耐久性方面具有较为突出的优点。虽然纤维在增强力学性能方面有欠于碎石的作用，但是针对于北方地区水工混凝土工作环境而言，温度低、湿度大、饱水率高等复杂因素则是碎石轻骨料混凝土难以相比的。

4.5 纤维轻骨料混凝土冻融损伤试验研究

混凝土具有良好的抗冻性能对于寒冷潮湿地区是混凝土工程设计的重要指标，尤其灌区的水工建筑物在含水量较高时的冻融环境作用下，其内部极容易形成水、冰、骨料的多相损伤介质，不均匀冻胀力和冻胀变形所引起的巨大破坏作用，对混凝土的强度和结构安全性将产生显著的影响。因此通过混凝土冻融损伤并利用易于测试的损伤参数来说明轻骨料混凝土工程的冻融破坏状况以及冻融环境作用下混凝土的损伤特性，可为寒冷地区轻骨料混凝土耐久性指标设计和工程结构可靠性检测鉴定提供参考。

目前国内外学者对混凝土冻融的研究较多，但涉及轻骨料混凝土冻融循环损伤参量的测试方法，以及冻融环境条件下混凝土损伤规律的研究还不多见，主要是冻融环境条件下岩石损伤扩展探讨以及混凝土的寿命预测。在纤维混凝土冻融循环试验过程中，借助超声波法和共振法对纤维混凝土损伤参量进行测试，论证超声波速作为损伤参量的合理性，对冻融循环多次的混凝土试件进行强度测试，研究探讨冻融循环对纤维混凝土材料损伤特性的影响，以试验数值作为依据，结合损伤力学和数学模拟的方法建立纤维混凝土的损伤模型，最后利用损伤模型来预测冻融循环作用下混凝土的进一步破坏发展规律和特性，计算纤维轻骨料混凝土的损伤度，分析检验损伤模型的正确性[92]。

4.5.1 混凝土冻融循环损伤

1. 混凝土冻融损伤的理论

混凝土结构的破坏是由于混凝土材料的开裂和裂缝扩展所引起的，如果裂缝扩展到严重的程度必将危及结构的安全运行。因此研究混凝土结构的破坏，其本质是要研究混凝土材料的破坏，而混凝土冻融损伤理论正是研究由冻融循环引起的这些行为及其规律。混凝土结构实际上是一个损伤场，而结构因冻融循环及其他各种因素综合作用的破坏过程是损伤场中损伤、断裂交织行为的过程，即损伤-断裂过程。因此通过正确描述混凝土结构损伤随时间的变化规律，即可对混凝土结构进行安全稳定性校核、寿命预测等，这对工程结构的设计计算非常重要。混凝土冻融破坏是一个纯物理过程，混凝土冻融破坏是其内部产生复杂应力作用的结果。冻融循环过程中，对混凝土体积微元的破坏相当于在冻结过程中加载，在溶解过程中卸载，当温度达到最高点时温度应力最小，最低点时温度应力最大。根据混凝土材料的力学性能，引起混凝土破坏的是拉应力，故可以认为冻融循环过程中混凝土内部为三向受拉。冻融循环的进行，应力不断的加载、卸载，周而复始，最终引起混凝土内部微元的解体，失去强度，在该处形成微裂缝，到达一定程度后混凝土就会出现破坏。

2. 混凝土冻融损伤的演变方程及相关定义

常用的损伤变量定义方法有以动弹模量构筑：

$$D = 1 - \frac{E'_d}{E_d} \tag{4-3}$$

由弹性理论可以知道

$$\frac{E'_d}{E_d} \propto \frac{v'^2_d}{v^2_d} \tag{4-4}$$

以超声波构筑的损伤变量：

$$D = 1 - \frac{v'^2_d}{v^2_d} \tag{4-5}$$

以损伤面积定义损伤变量：

$$D = \frac{A - \tilde{A}}{A} = 1 - \frac{0A\tilde{X}}{A} \tag{4-6}$$

式中：E_d 和 E'_d 为冻融前后混凝土的动弹模量；

v_d 和 v'_d为超声波在混凝土冻融前后混凝土中的传播速度；

A 和 $\tilde{A}$ 为混凝土在冻融前后的损伤面积。

4.5.2 轻骨料混凝土损伤试验

1. 轻骨料混凝土损伤测定仪器

试验以现有的设备仪器，通过两种方法来测量，一种是电测法，动弹模量测试仪见图4.10，另一种是超声波探测法见图4.11。从试验所获取的数据客观分析试验结果，建立定量化的规律，最终全面地定量化描述和确定温度作用下轻骨料混凝土损伤和力学性能的劣化情况。

混凝土材料处于低温及降升温以及饱水的过程中都将不同程度地受到损伤。根据损伤的表述概念，损伤的量测方法目前比较公认的有弹性模量变化法、超声

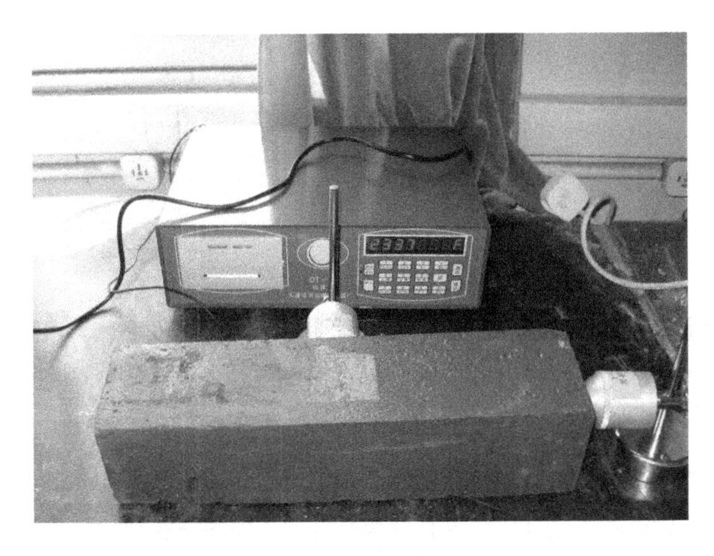

图4.10　动弹模量测试仪器

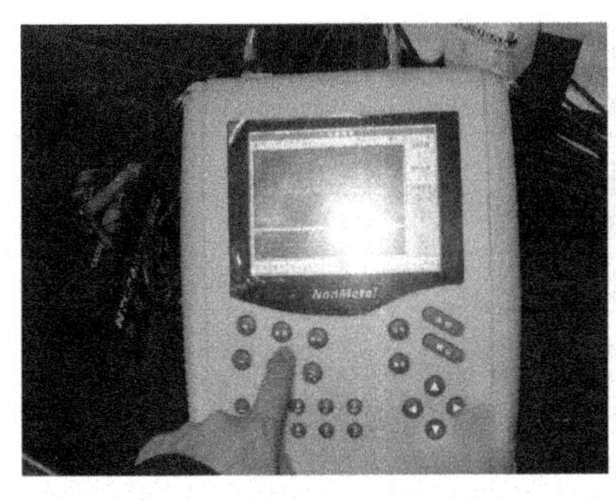

（a）超声波探伤仪测试读数计过程

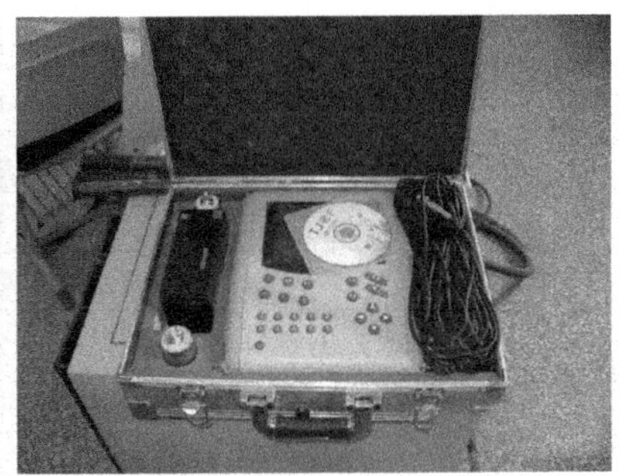

（b）超声波探伤仪组件

图4.11　超声波探伤仪

波传播法、微硬度变化法、密度变化法、电压降法及声发射法等方法。我们根据测试的轻骨料混凝土试件条件主要采用弹性模量变化法（图4.10）和超声波传播法（图4.11）。弹性模量变化法可以用于任何类型的损伤，要求损伤在所测应变的体积内均匀分布，这是技术的主要限制。如果损伤太局部化了，这一方法则不是很准确。用此方法量测由有效弹性模量 E 导出的损伤值，要求准确的应变量测，通常应变在加卸载过程中量测 E 更准确些。超声波传播法是通过量测超声波的传播速度并由波速的变化来计算损伤的量测技术，对于各向同性线弹性体纵向波速和横向波速分别为：

$$v_t = \frac{E}{\rho} \frac{1}{2(1+\mu)} \quad 和 \quad v_l = \frac{E}{\rho} \frac{1-\mu}{(1+\mu)(1-2\mu)} \tag{4-7}$$

式中：ρ——材料的密度；

μ——混凝土的泊松比。

2. 轻骨料混凝土损伤测定数据

损伤参量是材料内部不可逆的细观结构变化在宏观上的描述，根据不同的损伤机制和类型其选择也不同，选取原则是容易与宏观量建立联系且易于测量。超声波法是利用声波在不同密度材料中传播速度的不同，来测定混凝土的损伤变量。混凝土裂纹开始扩展其密度就发生变化，据此可探测由于裂纹扩展引起的材料微细观结构变化。轻骨料混凝土试件冻融循环试验过程中，对于轻骨料混凝土和纤维轻骨料混凝土的动弹性模量相对值和超声波速相对值的测试数据见表4.7。

表4.7 轻骨料混凝土动弹性模量与超声波速测试值对比表

分组	纤维掺量 kg/m³	测试项目	$n=0$ 次	$n=25$ 次	$n=50$ 次	$n=75$ 次	$n=100$ 次	$n=125$ 次	$n=150$ 次	$n=200$ 次
1	$mf=0\text{kg/m}^3$	动弹性模量%	100	101.27	100.23	99.86	98.48	95.91	95.82	94.23
		超声波速%	100	101.82	85.54	84.49	95.74	94.73	95.6	93.55
2	$mf=0.6\text{kg/m}^3$	动弹性模量%	100	100.57	98.88	98.02	96.67	94.79	94.12	93.22
		超声波速%	100	98.71	93.86	91.69	91.02	91.02	86.39	83.49
3	$mf=0.9\text{kg/m}^3$	动弹性模量%	100	100.48	98.92	98.14	96.08	95.15	94.49	93.83
		超声波速%	100	98.47	96.9	95.79	93.66	91.45	89.33	86.94
4	$mf=1.2\text{kg/m}^2$	动弹性模量%	100	100.76	99.4	98.5	91.7	90.6	90.31	89.6
		超声波速%	100	100	99.32	97.29	93.95	93.84	91.49	90.68

3. 轻骨料混凝土损伤测定数据比较分析

根据超声波原理以及公式（4-3）、（4-4）可知，固体材料的动弹性模量与其超声波速度之间的关系为：

$$E_d = \frac{2(1+\nu)^3}{(0.87+1.12\nu)^2}\rho V_r^2 \tag{4-8}$$

$$E_d = 2.888\rho V_r^2 \tag{4-9}$$

式中，ρ 为固体的密度，V_r 为表面波速度，ν 为混凝土的泊松比。假定混凝土为各向同性损伤且泊松比不随损伤而变化，对硬化后的混凝土来讲，泊松比一般在0.2~0.3之间。如取 $\nu=0.2$ 时，则上式可写成式（4-9），式（4-9）说明混凝土动弹性模量与超声波速的平方成正比，这和共振法中动弹性模量与共振频率的平方成正比相似，因此超声波速相对值和共振频率相对值之间存在着相互对应的关系。

为了进一步说明选择超声波速作为损伤参量的合理性，利用表4.7中纤维掺量0.9kg/m³和1.2kg/m³两组数据，得到动弹性模量和超声波速与冻融次数的变化规律见图4.12。由此图可见：两组数据在掺入纤维后试件的变化趋势和形状大致相似，超声波速的变化与动弹性模量的变化基本相同，因此超声波速作为损伤

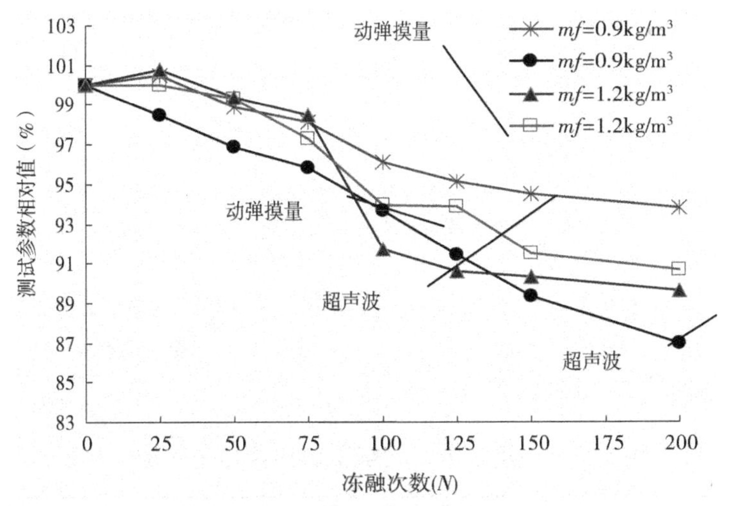

图4.12 动弹模量与超声波速及冻融次数的变化关系

参量能够较好地反应混凝土冻融损伤的规律。用超声波法来直接检测混凝土材料冻融损伤的状况，不仅是因为超声波速作为损伤参量易于检测，而且还可以和混凝土材料的其他宏观量建立联系。

4.5.3 聚丙烯纤维对轻骨料混凝土冻融损伤的抑制作用

在图4.13中看到，相对于未掺入纤维的混凝土，掺入纤维总体降低了混凝土弹性模量的损失率。原因在于聚丙烯纤维作为水泥基复合材料中的增强材料，起到了更有效的网络协调效应，可以有效地抑制轻骨料混凝土早期干缩微裂和离析裂纹的产生及发展，减少轻骨料混凝土的收缩裂缝，特别是有效地抑制了连通裂缝的产生。

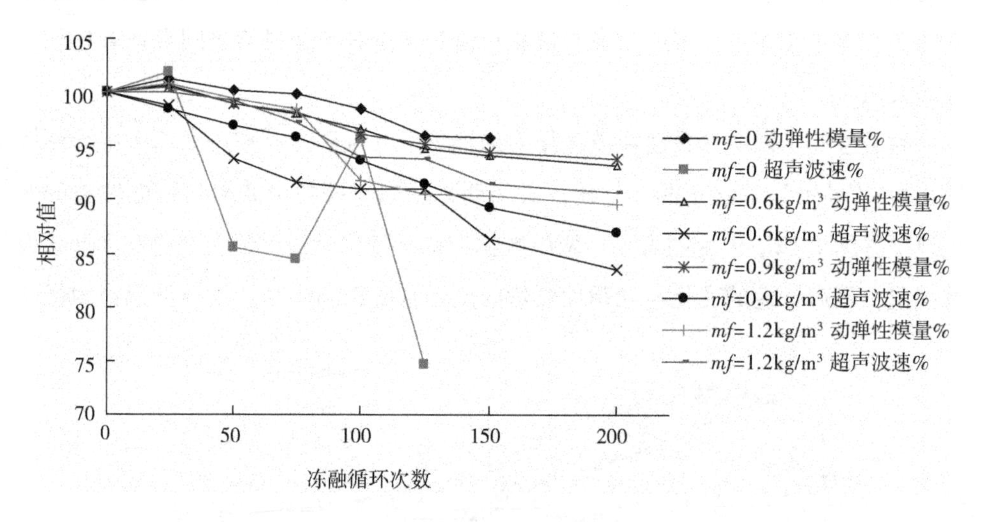

图4.13 动弹模量与超声波速及冻融次数的变化关系

另外，均匀分布在轻骨料混凝土中彼此相粘连的大量聚丙烯纤维起了“承托”骨料的作用，降低了轻骨料混凝土表面的析水与集料的离析。同时由于乱向分布的微细纤维相互搭接阻碍了轻骨料混凝土搅拌和成型过程中内部空气的溢出，使轻骨料混凝土的含气量增大，缓解了低温循环过程中的静水压力和渗透压力，减少裂缝的扩展，改善了水泥石的结构，因而提高了轻骨料混凝土的抗渗性，有利于抗冻能力的提高，即使轻骨料混凝土有局部冻融破坏，其他部位的轻骨料混凝土受到的影响也相对较小。由于微细纤维改善了混凝土的早期内部缺陷，降低了原生裂隙尺度及其本身承受荷载的拉结作用，所以提高了轻骨料混凝土的抗拉极限应变并改善了轻骨料混凝土的抗拉行为特征。

但另一方面如图 4.14，掺量 1.2kg/m³ 聚丙烯纤维轻骨料混凝土则在 75 次冻融循环之前表现出较好的抑制损伤性能，但是在 75 次冻融之后，出现动弹模量大幅下降的趋势。虽然在图中纤维掺量 0.9kg/m³ 的混凝土在 75 次冻融后也表现出类似弹性模量下降的趋势，但是基本与纤维掺量 0.6kg/m³ 的混凝土很接近，说明聚丙烯纤维的掺入对于轻骨料混凝土的抗冻性也存在不利的影响因素。聚丙烯纤维表面的不亲水性使得聚丙烯纤维—硬化浆体界面呈现弱界面效应，是聚丙烯纤维轻骨料混凝土中最薄弱的环节。随纤维掺量的提高，这一薄弱界面的数量增多，且纤维掺量的提高会影响新拌轻骨料混凝土的流动性及硬化后的密实度，造成轻骨料混凝土内部有害缺陷的增加，对抗冻性不利。总之，掺入适当的聚丙烯纤维可以改善轻骨料混凝土的力学性能，使混凝土具有较好的冲击韧性和良好的抗疲劳性能，受冻融时可以起到缓解温度变化而引起的混凝土内部应力的作用。纤维还参与抵抗冻融时的膨胀压力与渗透压力，从而提高轻骨料混凝土的抗冻融能力，试验中可以看出，掺量在 0.9kg/m³ 以内的轻骨料混凝土表现出更好的抑制冻融能力。

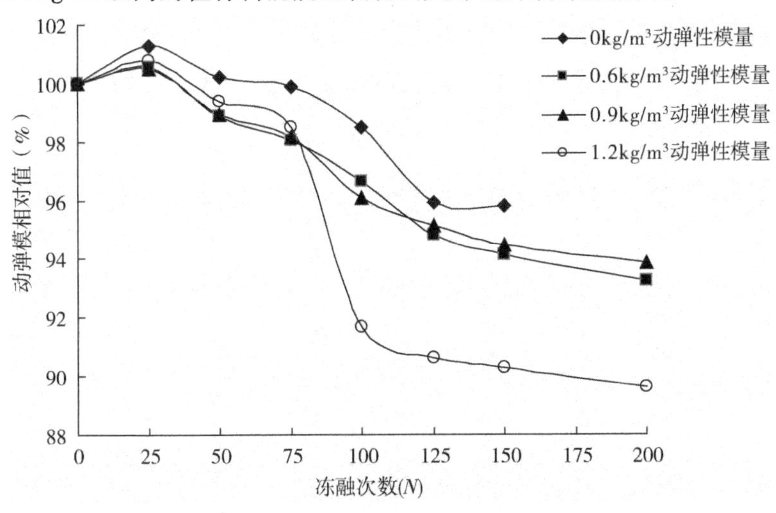

图 4.14　动弹模量与冻融次数的对比变化关系

在图 4.13 中，超声波和动弹模量在未掺入纤维的试件组中差异较大。由于轻骨料混凝土属孔隙率较大的混凝土类，而且同一试件中的轻骨料颗粒成分并非完全相等同，再加上动弹模测定仪与超声波探伤仪测试原理的差异，不同电磁波在经过混凝土试件后存在跃层现象。如图 4.15 为冻融 50 次时，超声波探伤仪在纤维掺量 0 的轻骨料混凝土波形图象，波速为 3.623km/s，平均声时为 27.6μs，可以看出波形幅度存在一定的抖动，这是由于轻骨料颗粒的不完全相同材质影响较大造成的，使得在未加入纤维时测定的结果有一定的差异。

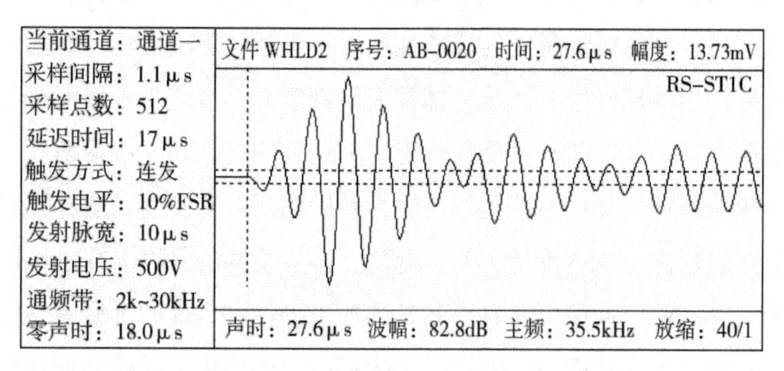

图 4.15 超声波在未掺纤维的轻骨料混凝土内变化情况

但随着纤维掺入这种差异在逐步减小如图 4.12 和图 4.13，超声波检测数值与动弹模量检测结果逐渐接近，原因在于纤维加入有效地加强了纤维轻骨料混凝土的整体结构，使得轻骨料混凝土复合材料向“单一材质”的方向靠近，可以从图 4.16 看出，图 4.16 是 0.9kg/m^{3}的纤维轻骨料混凝土在 75 次冻融后超声波

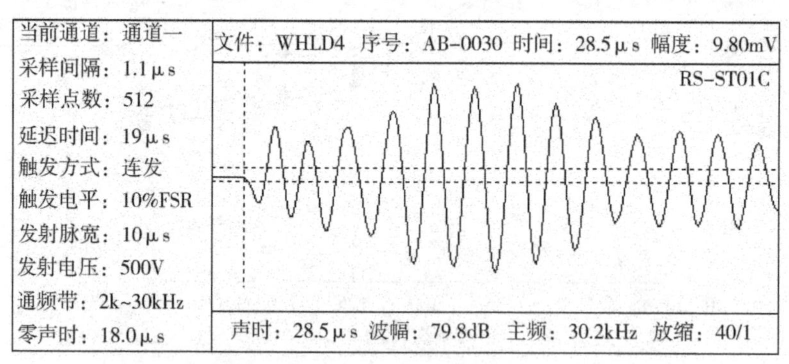

图 4.16 超声波在掺入纤维的轻骨料混凝土内变化情况

在混凝土内的传导波形，波速为3.509km/s，平均声时为28.5μs，可以看出波形幅度抖动的程度降低，传播过程中平稳程度较图4.15的情况有所增加，说明纤维改善轻骨料混凝土的内部空间结构，使其在空间分布更趋向于均衡。

4.5.4 纤维轻骨料混凝土冻融损伤破坏机理分析

冻融循环损伤可看作蠕变损伤和疲劳损伤的合成，混凝土中毛细孔的孔径大小及数量是混凝土抗冻能力的主要影响因素[3]。冻融破坏是混凝土在水和正负温度反复作用下发生的物理变化过程，随着冻融过程的进展，混凝土中的水化产物成分并不发生变化。聚丙烯纤维的掺入使水泥水化产物将由一个微观密实体，而逐步成为一个微观疏松体，混凝土微孔结构不断增加。

另一方面，随着混凝土微裂缝的发生扩展，聚丙烯纤维不仅抑制混凝土早期塑性开裂，阻止混凝土内部微裂缝的扩展，限制混凝土基体破坏的进程，而且抑制冻胀压力形成的裂纹，使混凝土的孔结构和孔间隔满足抗冻性要求。水分在这种孔径范围内很难迁移到临近的孔隙中去，冻融循环时产生液体压力就比较难，聚丙烯纤维的抗冻效应得以充分发挥。由于聚丙烯纤维的弹性效应，掺入聚丙烯纤维相当于在混凝土中加“引气剂”，相当于增加轻骨料混凝土的孔隙率，聚丙烯纤维对混凝土细观微孔结构将同时产生引气效应和阻裂效应。掺入聚丙烯纤维后，可在混凝土中形成均匀分布的不相连微孔（浆体内部形成微孔而不是轻骨料的自身孔隙），并在气液界面上堵塞或阻断混凝土毛细孔渗水通道，改善混凝土的细观微孔结构，延缓因水结冰所产生的膨胀应力，从而提高混凝土的抗冻性。

通过对纤维轻骨料混凝土冻融过程中宏观特性及细观结构的测试和观察，可以发现纤维轻骨料混凝土的细观结构非常密实，微孔含量很少，且孔径很小，与聚丙烯纤维的孔径相匹配。纤维轻骨料混凝土抗冻性依赖于适当的细孔径的存在，纤维的掺入改善了轻骨料混凝土浆体内部的微孔结构，裂纹和大孔减少，孔径为无害孔级的微孔增多，且分布均匀。纤维轻骨料混凝土中微气泡的破裂是其产生冻融破坏的主要原因，随着细观结构的变化，混凝土的微孔结构也在不断增加，冻融破坏时混凝土微孔结构发生劣化，由于纤维的阻裂作用，使纤维混凝土劣化减缓，细观结构的微孔含量增加较少，孔径和孔容增大，无害孔级的大孔增加，因此纤维轻骨料混凝土具有较高的抗冻性。另外聚丙烯纤维的阻裂作用抑制了混凝土早期收缩裂纹的产生和扩展，且由于其具有优异的抗碱性和亲水性，又使得聚丙烯纤维混凝土的抗渗性显著提高，混凝土力学性能更加稳定。

4.5.5 纤维轻骨料混凝土冻融损伤特性的研究

1. 损伤度的确定

含有各类微裂缝和微缺陷的混凝土可视为连续地分布于材料内部的一种损伤场，在冻融循环作用下，它们会不断产生、扩展，使材料及其结构的强度、刚度、韧性和剩余寿命降低，混凝土在此状态下的失效过程实质上是材料内部劣化的过程，不同的失效机理会表现出不同的损伤特点，对混凝土冻融循环疲劳作用则表现为存在损伤梯度的不均匀损伤。

假定混凝土在冻融循环作用下微裂纹、微孔洞的变化是均匀且各向同性的，由于这种冻和融的反复作用，导致混凝土动弹性模量在损伤阶段的降低，而纤维轻骨料混凝土的动弹性模量变化能够代表材料的内部变化，以动弹性模量表示损伤变量在各个方向的数值都相同，且在冻融循环试验过程中便于分析和测量。

另外，轻骨料混凝土的冻融循环过程是个纯物理过程，那么随着冻融循环次数的不断增加，混凝土内部的缺陷就会随着增多，它的一些基本的物理性能就会发生相应得改变，其中动弹模量也随着改变，因此可以通过测定材料的动弹性模量来推测纤维轻骨料混凝土内部的劣化程度。

2. 轻骨料混凝土损伤关系

在轻骨料混凝土冻融循环过程中，由于是饱水状态，融化时进入孔隙的水将再次冻结，因而混凝土被连续地损伤破坏，致使裂缝不断的扩张，冻胀可视为单元体内细观结构之间拉伸和压缩的过程。考虑微裂纹对混凝土材料损伤行为的影响[4]，作下述假设：

（1）纤维轻骨料混凝土是分布有裂纹群的物体，微裂纹的尺寸远小于试样尺寸；

（2）纤维轻骨料混凝土在均匀冻融损伤时，其内部所有点均服从同一损伤演变规律；

（3）应变相同时的有效应力相等，冻融循环过程中混凝土为各向同性损伤且泊松比不随损伤而变化。

在研究纤维混凝土的冻融损伤规律时，通过观察表 4.7 中轻骨料混凝土和纤维轻骨料混凝土样本的动弹性模量相对值数据（测试值）发现：没有掺入纤维时，混凝土冻融循环次数不到 200 次就出现脆性破坏；而掺入纤维后，在经历 200 次冻融循环后，混凝土仍保持较好的强度，且动弹性模量相对值缓慢下降，下降的幅度也不是很大，表现出较大的延性；其中在经历 100 次左右冻融循环时，轻骨料混凝土的动弹性模量相对值有一个明显下降，然后下降速度趋于缓慢。

本节针对试验中轻骨料混凝土的损伤情况，对冻融次数与损伤度进行拟合，拟合过程采用两种方法，一种是直接建立损伤度与冻融次数的关系方程；另一种是利用损伤力学的观点，建立中间系数 C，由对 C 的拟合建立冻融次数与损伤度的关系方程。下面具体说明两种拟合方法的计算过程。

（1）D—n 拟合方法。

根据对纤维轻骨料混凝土的研究以及对轻骨料混凝土在抗冻性方面进行的总结，拟合纤维轻骨料混凝土损伤度与冻融次数 n 之间的函数关系。根据动弹性模量相对值与冻融次数的变化规律[5]，首先比较了不同纤维掺量的 4 组轻骨料混凝土样本的试验数据，大约在冻融 100 次处所表现的动弹性模量相对值的明显下降，在表达式中加入一项；在 200 次以内的冻融循环次数下，对不同掺量的纤维轻骨料混凝土损伤度 D 与冻融次数 n 的变化规律进行多项式的模拟关系，最后次数根据影响因素确定为 4 次，具体形式为：

$$D = a + bn + cn^2 + dn^3 + en^4 \tag{4-10}$$

表 4.8 给出在最小二乘法下算出的表达式系数及拟合后公式，计算机拟合程序见附录中的程序 2，由此可以据不同的纤维掺量对损伤度与冻融次数建立拟合关系方程，拟合相关性很好，见拟合曲线图 4.17 和图 4.18（MATLAB 数据拟合图）。可见利用多项式拟合损伤度与冻融次数的关系，不仅能较好地反应实际情况，而且构造模型也较为简单。

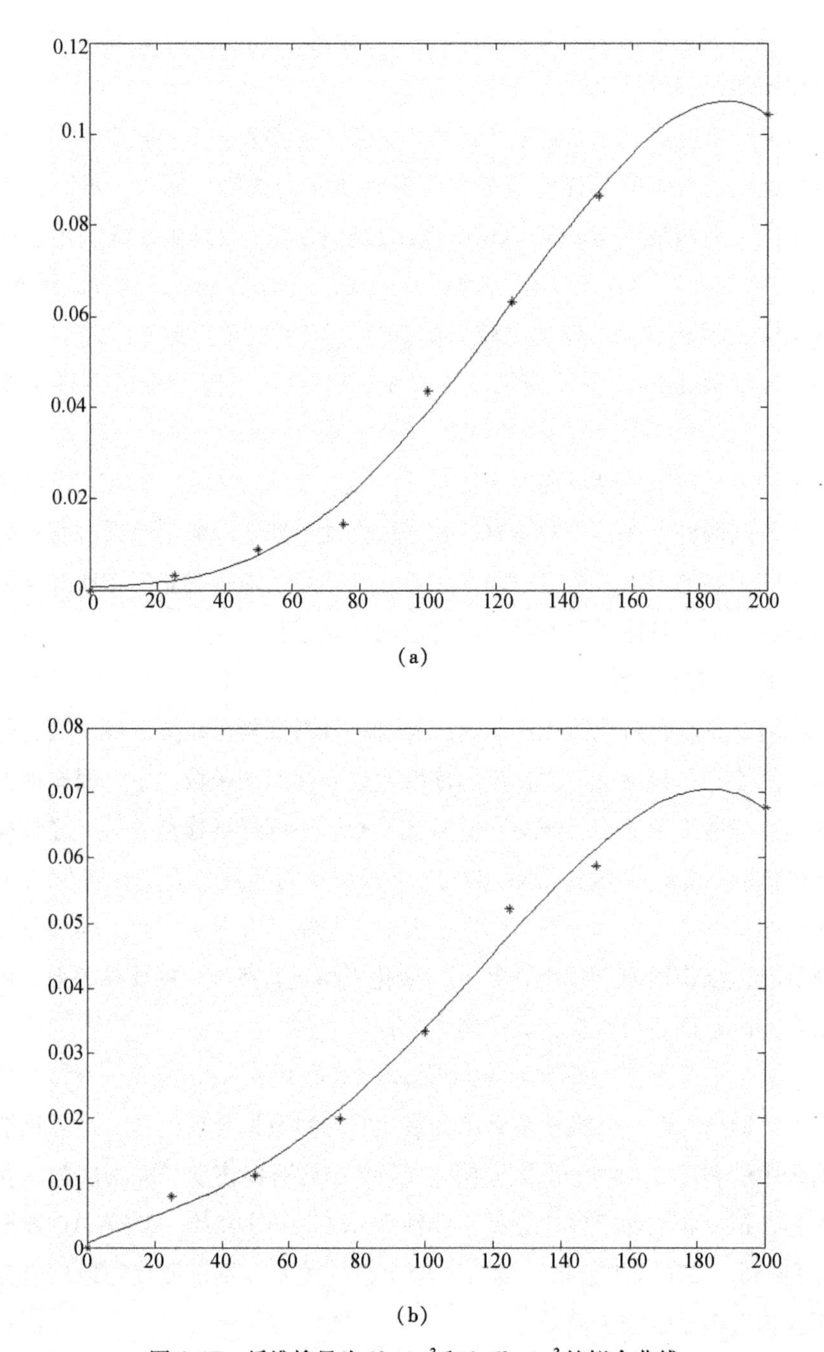

图 4.17 纤维掺量为 0kg/m³ 和 0.6kg/m³ 的拟合曲线

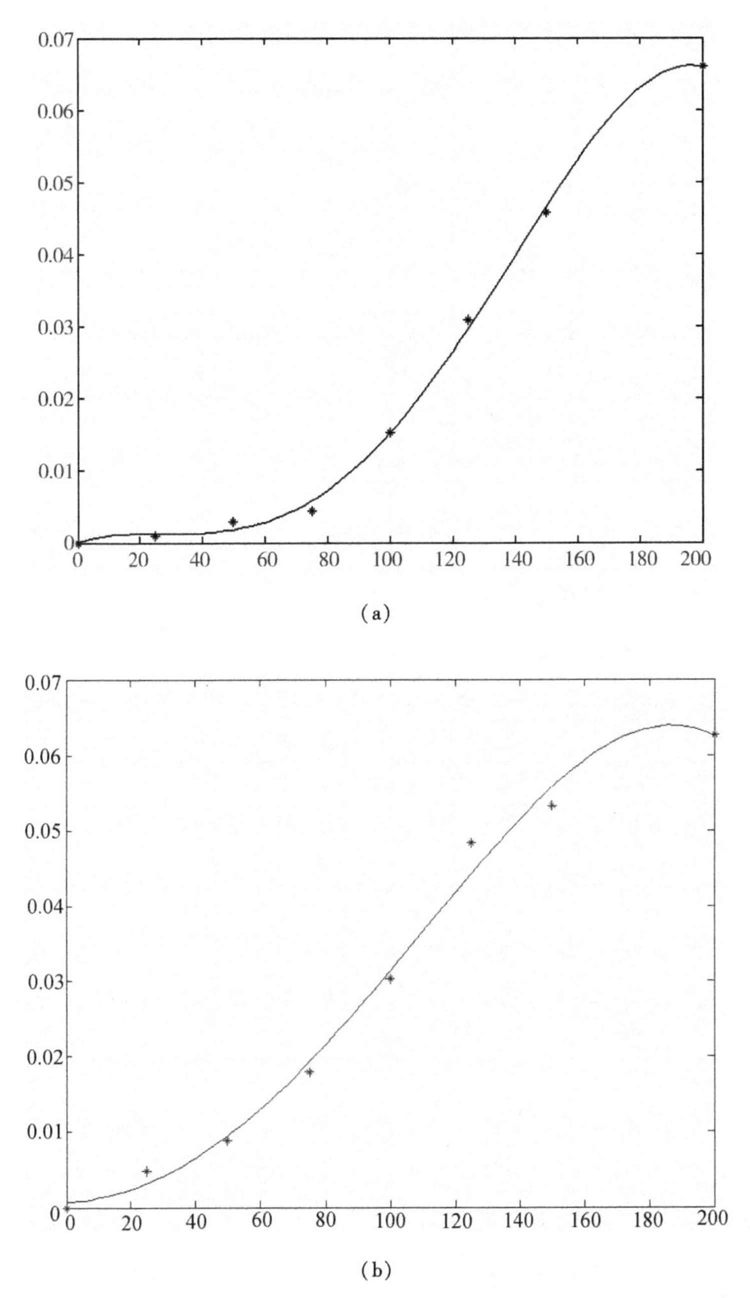

图 4.18　纤维掺量为 0.9kg/m³ 和 1.2kg/m³ 的拟合曲线

根据表4.8中，不同纤维掺量下的损伤度与冻融次数的关系方程，利用拟合方程计算25次、50次、75次、100次、125次、150次、200次冻融循环后的损伤度D，计算结果见表4.9。表中D测试值是实测数据计算的损伤度，D计算值是拟合方程根据冻融次数求解的损伤度。

表4.8 最小二乘法确定拟合系数

分组	a	b	c	d	e	
$mf=0kg/m^3$	0	0.0001	-0.0011	0.0500	0.5374	$D(n)=0.0001n-0.0011n^2+0.05n^3+0.5374n^4$
$mf=0.6kg/m^3$	0	0	-0.0014	0.2143	0.7523	$D(n)=-0.0014n^2+0.2143n^3+0.7523n^4$
$mf=0.9kg/m^3$	0	0.0001	-0.0023	0.0075	0.5192	$D(n)=0.0001n-0.0023n^2+0.0075n^3+0.5194n^4$
$mf=1.2kg/m^3$	0	0	0.0029	0.0282	0.6192	$D(n)=0.0029n^2+0.0282n^3+0.6192n^4$

图中可以看出，计算值与实测值基本接近，两者的差异主要集中在10^{-3}数量级上，有少部分数据差异集中在10^{-4}数量级上，相对效果较好。

表4.9 轻骨料混凝土冻融循环损伤度测试值与计算值对比表

纤维掺量	损伤度	0次	25次	50次	75次	100次	125次	150次	200次
$mf=0kg/m^3$	D测试值	0	0.0033	0.0087	0.0143	0.0436	0.0631	0.0965	0.1043
	D计算值	0	0.0021	0.0075	0.0197	0.0390	0.0633	0.0875	0.1041
$mf=0.6kg/m^3$	D测试值	0	0.0080	0.0112	0.0198	0.0333	0.0521	0.0588	0.0678
	D计算值	0	0.0058	0.0122	0.0214	0.0338	0.0480	0.0614	0.0675
$mf=0.9kg/m^3$	D测试值	0	0.0010	0.0029	0.0044	0.0152	0.0309	0.0458	0.0613
	D计算值	0	0.0012	0.0018	0.0058	0.0152	0.0297	0.0465	0.0659
$mf=1.2kg/m^3$	D测试值	0	0.0049	0.0089	0.0179	0.0303	0.0484	0.0532	0.0627
	D计算值	0	0.0032	0.0095	0.0192	0.0313	0.0443	0.0557	0.0624

如图4.17和图4.18所示，纤维掺量在$0kg/m^3$、$0.6kg/m^3$、$0.9kg/m^3$和$1.2kg/m^3$的轻骨料混凝土实测值均以较小的波浪呈现起伏上升形式（图中表示为测试点围绕拟合关系曲线上下跳跃式上升），这种波浪起伏形式的原因，一方面是由于实验操作中不可避免的偶然因素造成的，提高实验的准确性和精度可以减小波动幅度；另一方面纤维的掺入增加了混凝土复合材料的种类，也就增加了混凝土的复杂性，有可能增大这样的波动幅度和波动次数。

图4.19为纤维掺量在0kg/m³和0.6kg/m³的轻骨料混凝土损伤度测试值与计算值的对比关系。在纤维掺量为0kg/m³的曲线上，出现3个测试点连续的落于拟合曲线下方，而后才出现上下交替的测试点座落于拟合曲线上下方，说明拟合方程对于纤维掺量在0kg/m³的轻骨料混凝土在100次冻融以后的损伤发育描述更加准确。纤维掺量在0.6kg/m³的轻骨料混凝土的损伤度拟合方程如图4.19，测试点几乎交替的分布于拟合曲线上下方，可见，0.6kg/m³纤维的混凝土拟合方程能较好地反应轻骨料混凝土的损伤发育情况。

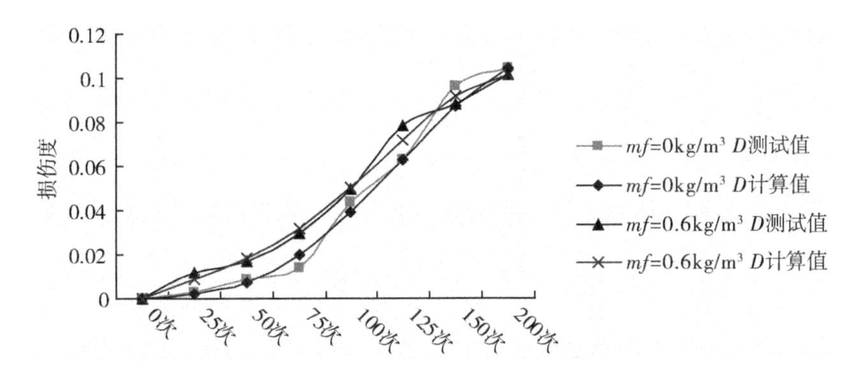

图4.19 掺量0kg/m³和0.6kg/m³测试值与计算值对比关系曲线图

图4.20为纤维掺量在0.9kg/m³和1.2kg/m³的轻骨料混凝土损伤度测试值与计算值的对比关系。在1.2kg/m³的轻骨料混凝土损伤度拟合曲线上，连续3个

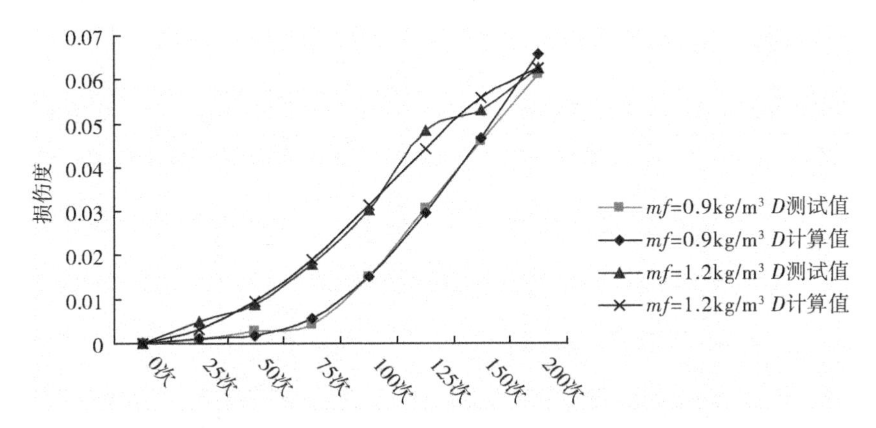

图4.20 掺量0.9kg/m³和1.2kg/m³测试值与计算值对比关系曲线图

测试点出现在拟合曲线的下方，而且在100次冻融作用后，测试点与拟合方程曲线的偏离程度增加，拟合效果减弱。这一点和我们前面实验的理论相呼应，当纤维掺量过大，混凝土的不确定性更强。在0.9kg/m³的轻骨料混凝土损伤度拟合曲线上，测试点几乎全部呈现出上下交替的座落在拟合曲线上，而且偏离程度相对较小，拟合效果较好，同时也反映出测试点分布总体规律性强，和我们前面的实验呼应（0.9kg/m³的纤维更加能增强轻骨料混凝土的整体性，使其向“单一材质”方向靠拢，各方面的性能规律性增强）。

（2）n—C—D的拟合方法。

由损伤力学理论可知，损伤度定义为：

$$D = 1 - \frac{E_m}{E_0} = 1 - e^{CN} \tag{4-11}$$

式中，E_m，E_0分别为混凝土的剩余动弹性模量和初始动弹性模量。剩余动弹性模量也就是受冻融损伤后材料的弹性模量，初始动弹性模量则可视为未受冻融损伤时材料的弹性模量，且E_m，E_0都是可测的。N为冻融循环次数（为了与第一种拟合方法区别，这里用N来表示冻融循环次数）。C为待定系数，以公式（3-13）对冻融后混凝土的损伤度进行拟合：

根据实测的损伤量确定每次损伤度D下的待定系数C值，见表4.10，在每种纤维掺量下待定系数C值与冻融次数存在一定的关系。需要首先对每组待定系数C值进行拟合，确定C—N的拟合关系方程，而后拟合关系方程与损伤力学方程（3-13）建立方程组。

表4.10 轻骨料混凝土冻融循环损伤度测试值与计算值及待定系数C对应表

纤维掺量	项目	0次	25次	50次	75次	100次	125次	150次	200次
$mf=0\text{kg/m}^3$	D测试值	0	0.003	0.009	0.014	0.044	0.063	0.097	0.104
	待定系数$C\times10^{-4}$	0	−1.322	−1.748	−1.92	−4.458	−5.214	−6.765	−5.507
	D计算值	0	0.00351	0.00709	0.01818	0.0391	0.0668	0.0948	0.1045
$mf=0.6\text{kg/m}^3$	D测试值	0	0.008	0.011	0.02	0.033	0.052	0.059	0.068
	待定系数$C\times10^{-4}$	0	−3.213	−2.253	−2.666	−3.387	−4.281	−4.04	−3.51
	D计算值	0	0.00804	0.01078	0.02017	0.03565	0.0516	0.05949	0.0677

（续表）

纤维掺量	项目	0次	25次	50次	75次	100次	125次	150次	200次
$mf=0.9kg/m^3$	D 测试值	0	0.001	0.003	0.004	0.015	0.031	0.046	0.061
	待定系数 $C\times10^{-4}$	0	-0.4.01	-0.581	-0.588	-1.532	-2.511	-3.125	-3.163
	D 计算值	0	0.001189	0.00171	0.00575	0.0151	0.03031	0.04629	0.06141
$mf=1.2kg/m^3$	D 测试值	0	0.005	0.009	0.018	0.03	0.048	0.053	0.063
	待定系数 $C\times10^{-4}$	0	-1.965	-1.788	-2.408	-3.077	-3.969	-3.644	-3.238
	D 计算值	0	0.00495	0.00854	0.0176	0.0315	0.0461	0.0551	0.0625

对纤维掺量0kg/m³的轻骨料混凝土，损伤力学方程（4-11）中的待定系数 C 与冻融次数 N 的关系满足式（4-12），拟合曲线与实际测试值比较见图4.21和图4.22，拟合关系中 Intercept，B1，B2，B3 为拟合多项式方程系数，拟合方程的 R-Square 等于0.94737，测试点均匀、交替出现在拟合方程曲线的上下方，总体拟合效果较好。将拟合方程（4-12）与方程（4-11）组成方程组4-13，可以求解

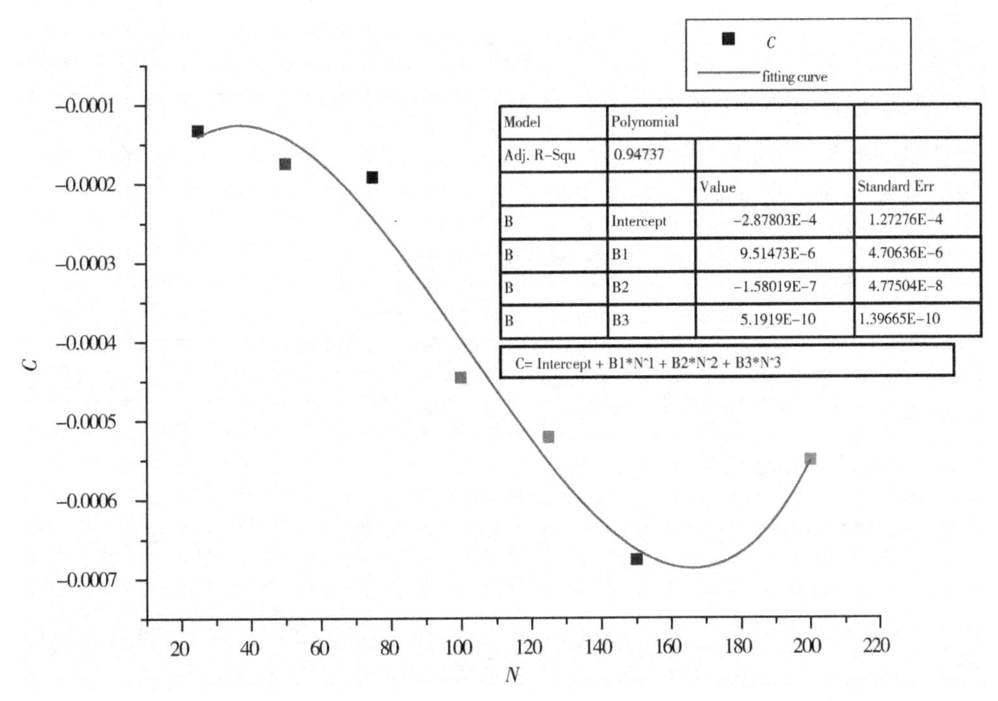

图4.21　纤维掺量0kg/m³待定系数 C 与冻融次数 N 拟合关系曲线

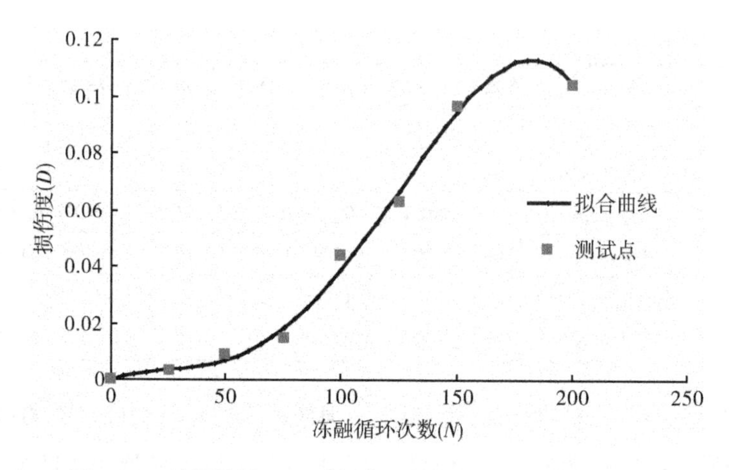

图 4.22 纤维掺量 0kg/m³ 损伤度拟合曲线与测试值对比图

纤维掺量 0kg/m³ 的轻骨料混凝土冻融循环 200 次以内的任意冻融次数的损伤度。对于纤维掺量 0kg/m³ 的混凝土利用方程组（4-13）求解的损伤度曲线与测试值的对比见图 4.22，可见当冻融次数 N 在（0，200）区间内时，纤维掺量 0kg/m³ 时的轻骨料混凝土损伤度，用方程（3-15）计算的损伤度 D 具有一定的实际效果，对应冻融次数下方程组（4-13）求解的计算值见表 4.10。表 4.11 为不同纤维掺量的轻骨料混凝土在冻融过程中，损伤力学方程（4-11）中待定系数 C 与冻融次数 N 的拟合关系为式 4-12。

表 4.11 不同纤维掺量待定系数 C 拟合关系

分组	拟合关系方程
$mf=0\text{kg/m}^3$	$C=5.1919\times10^{-10}N^3-1.58019\times10^{-7}N^2+9.51473\times10^{-6}N-2.87803\times10^{-4}$
$mf=0.6\text{kg/m}^3$	$C=-5.5\times10^{-12}N^4+2.7348\times10^{-10}N^3-4.5445\times10^{-7}N^2+2.7618\times10^{-5}N-7.702\times10^{-4}$
$mf=0.9\text{kg/m}^3$	$C=2.55183\times10^{-10}N^3-8.3873\times10^{-8}N^2+5.6899\times10^{-6}N-1.414\times10^{-4}$
$mf=1.2\text{kg/m}^3$	$C=-3.393\times10^{-12}N^4+1.69769\times10^{-10}N^3-2.7699\times10^{-7}N^2+1.5169\times10^{-5}N-4.299\times10^{-4}$

$$C = 5.1919\times10^{-10}N^3 - 1.58019\times10^{-7}N^2 + 9.51473\times10^{-6}N - 2.87803\times10^{-4} \tag{4-12}$$

$$\begin{cases} C = 5.1919\times10^{-10}N^3 - 1.58019\times10^{-7}N^2 + 9.51473\times10^{-6}N - 2.87803\times10^{-4} \\ D = 1 - E_m E_0 = 1 - e^{CN} \end{cases} \tag{4-13}$$

对纤维掺量0.6kg/m^{3}的轻骨料混凝土，损伤力学方程（4-11）中待定系数C与冻融次数N满足拟合关系式（4-14），拟合关系曲线与实际测试结果比较见图4.23，其中拟合关系Intercept，B1，B2，B3，B4为拟合多项式方程的系数，R-Square等于0.96593，测试点均匀、交替出现在拟合方程曲线的上下方，总体拟合效果较好。将拟合方程（4-14）与方程（4-11）组成方程组（4-15），此方程组可以求解纤维掺量0.6kg/m^{3}的轻骨料混凝土冻融循环200次以内的任意冻融次数的损伤度。由方程组求解的纤维掺量0.6kg/m^{3}的混凝土损伤度曲线，且与冻融次数关系及与测试值的对比见图4.24，可见在纤维掺量0.6kg/m^{3}时的轻骨料混凝土损伤度，用方程组（4-15）计算具有一定的实际效果。

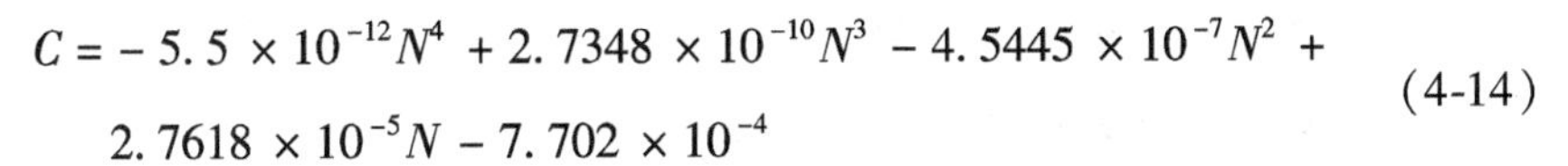

$$C = -5.5\times10^{-12}N^4 + 2.7348\times10^{-10}N^3 - 4.5445\times10^{-7}N^2 + 2.7618\times10^{-5}N - 7.702\times10^{-4} \tag{4-14}$$

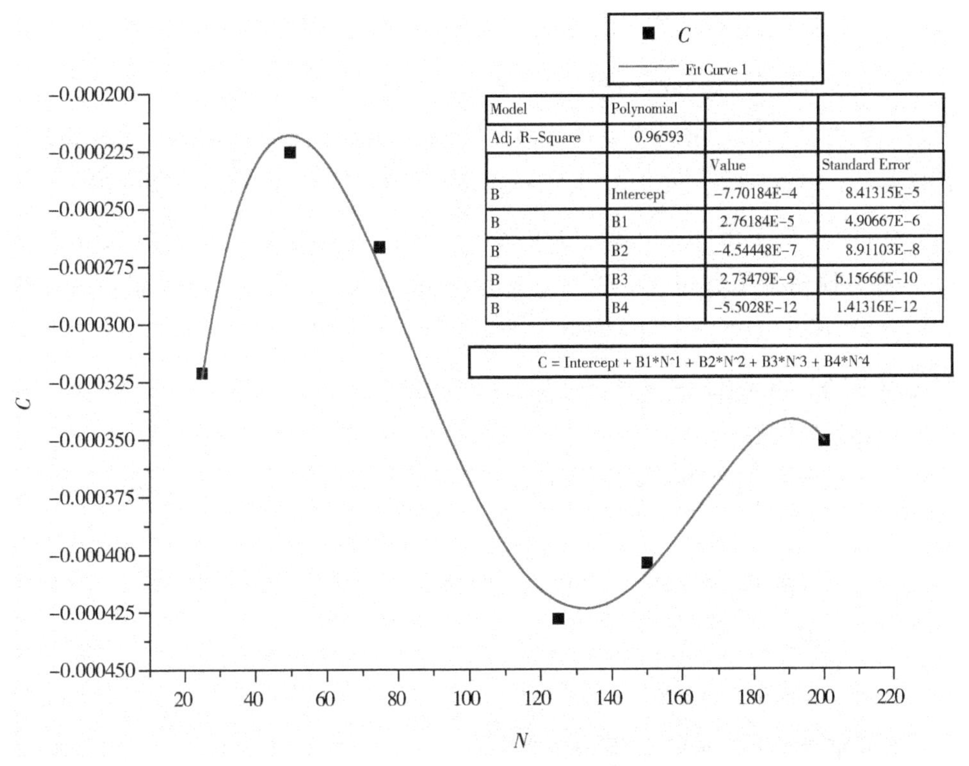

图4.23　纤维掺量0.6kg/m^{3}待定系数C与冻融次数N拟合关系曲线

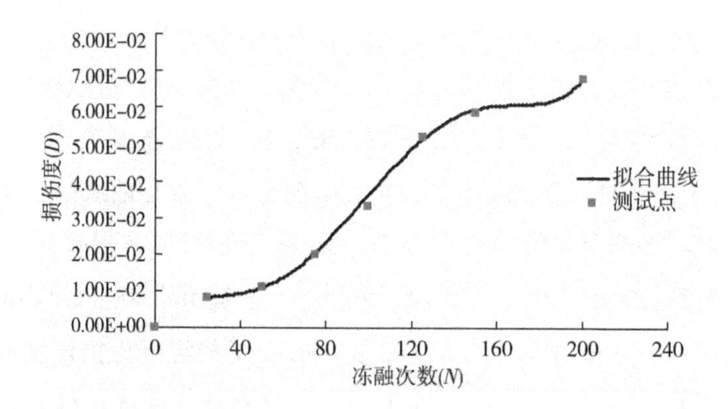

图 4.24 纤维掺量 0.6kg/m³ 损伤度拟合曲线与测试值对比图

$$\begin{cases} C = -5.5\times10^{-12}N^4+2.7348\times10^{-10}N^3-4.5445\times10^{-7}N^2+2.7618\times10^{-5}N-7.702\times10^{-4} \\ D = 1-E_mE_0 = 1-e^{CN} \end{cases} \tag{4-15}$$

对纤维掺量 0.9kg/m³，损伤力学方程（4-11）中待定系数 C 与冻融次数 N 满足关系式（4-16），拟合关系曲线与实际测试结果比较见图 4.25，拟合关系图 4.25 中 Intercept，B1，B2，B3 为拟合多项式方程系数，R-Square 等于 0.97584，测试点均匀、交替出现在拟合方程曲线的上下方，总体拟合效果较好。将拟合方程 4-16 与损伤力学方程（4-11）组成方程组（4-17），由方程组求解纤维掺量 0.9kg/m³ 的轻骨料混凝土损伤度拟合曲线，并且与冻融次数关系及与测试值的对比见图 4.26，可见在纤维掺量 0.9kg/m³ 时的轻骨料混凝土损伤度用方程组（4-17）计算效果较好。

$$C = 2.55183\times10^{-10}N^3-8.3873\times10^{-8}N^2+5.6899\times10^{-6}N-1.414\times10^{-4} \tag{4-16}$$

$$\begin{cases} C = 2.55183\times10^{-10}N^3-8.3873\times10^{-8}N^2+5.6899\times10^{-6}N-1.414\times10^{-4} \\ D = 1-E_mE_0 = 1-e^{CN} \end{cases} \tag{4-17}$$

对纤维掺量 1.2kg/m³，损伤力学方程（4-11）中待定系数 C 与冻融次数 N 满足关系式（4-18），与实际测试结果对比见图 4.27，其中拟合关系图中 Inter-

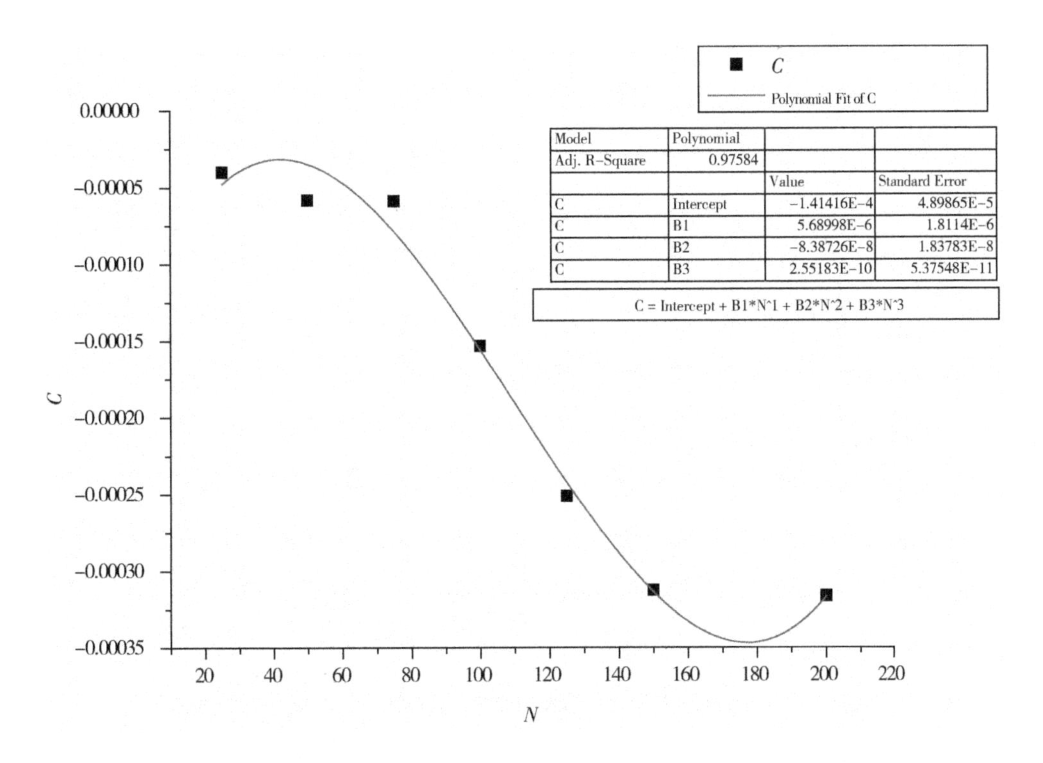

图4.25　纤维掺量0.9kg/m^{3}待定系数 C 与冻融次数 N 拟合关系曲线

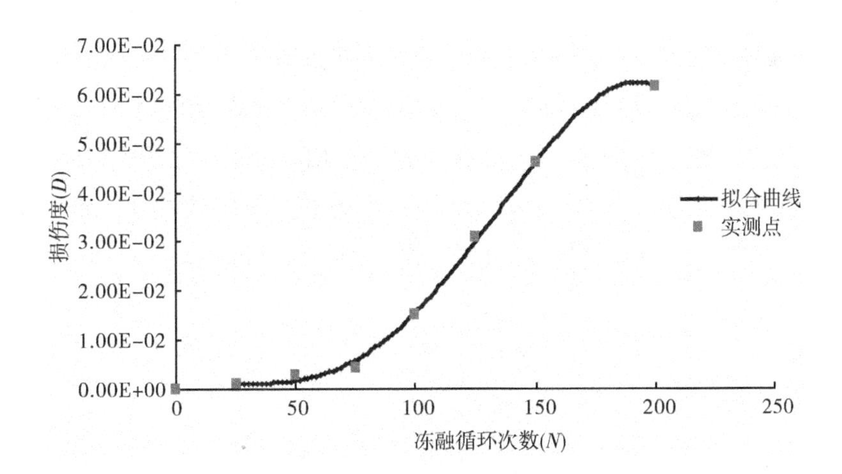

图4.26　纤维掺量0.9kg/m^{3}损伤度拟合曲线与测试值对比图

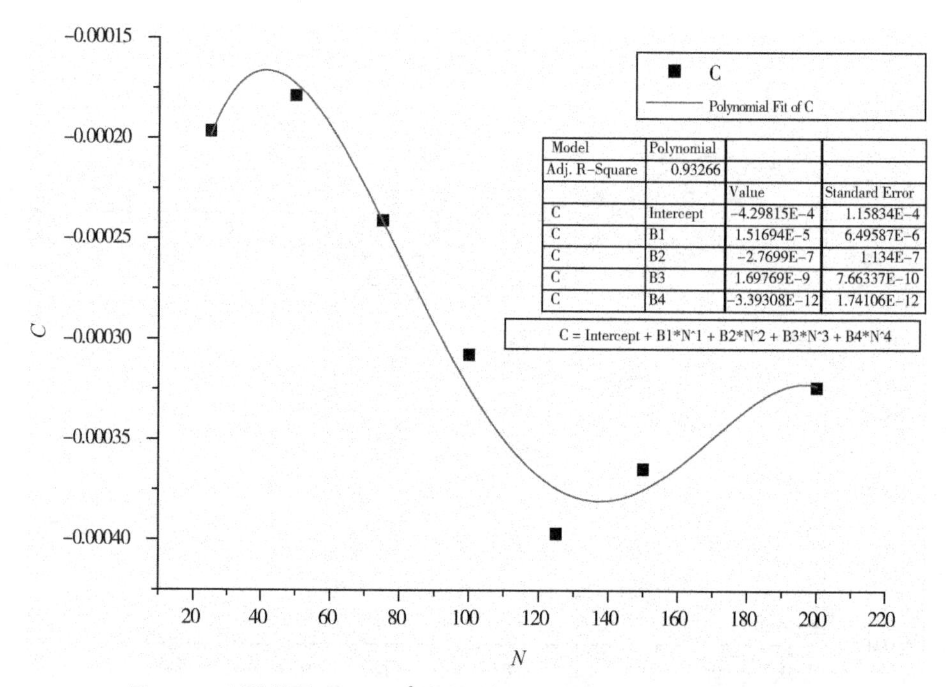

图 4.27 纤维掺量 1.2kg/m³待定系数 C 与冻融次数 N 拟合关系曲线

cept，B1，B2，B3，B4 为拟合多项式方程系数，R-Square 等于 0.93266，测试点均匀、交替出现在拟合方程曲线的上下方。但是在 125 次冻融阶段，测试点与拟合曲线偏离程度较大，一方面可能由于拟合曲线曲率过大，另一方面也由于纤维掺量大，混凝土性能复杂性增强，但在其他阶段拟合效果也是较好的。将拟合方程（4-17）与方程（4-14）组成方程组（4-19），由方程组求解纤维掺量 1.2kg/m³的轻骨料混凝土损伤度曲线，并且与冻融次数关系及与测试值的对比见图 4.28，可见在纤维掺量 1.2kg/m³时的轻骨料混凝土损伤度用方程组（4-18）表示具有较好的实际效果。

$$C = -3.393\times10^{-12}N^4 + 1.69769\times10^{-10}N^3 - 2.7699\times10^{-7}N^2 + 1.5169\times10^{-5}N - 4.299\times10^{-4} \tag{4-18}$$

$$\begin{cases} C = -3.393\times10^{-12}N^4 + 1.69769\times10^{-10}N^3 - 2.7699\times10^{-7}N^2 + \\ \quad 1.5169\times10^{-5}N - 4.299\times10^{-4} \\ D = 1 - E_mE_0 = 1 - e^{CN} \end{cases} \tag{4-19}$$

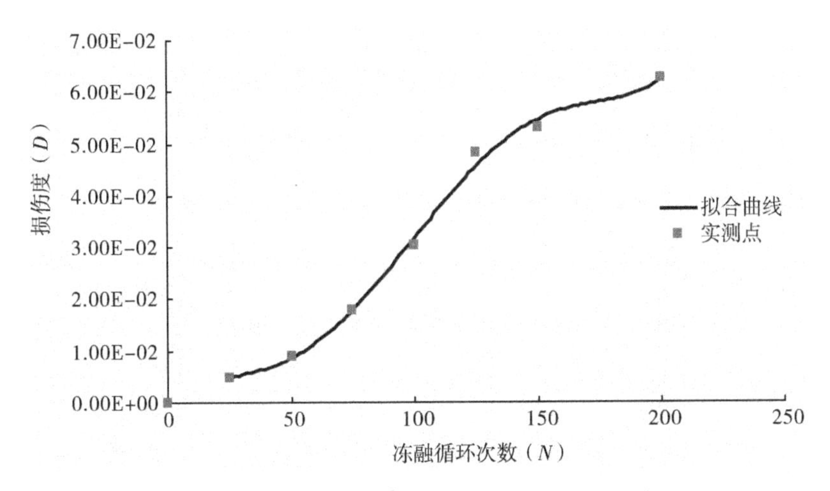

图 4.28　纤维掺量 1.2kg/m^{3}损伤度拟合曲线与测试值对比图

3. 两种损伤度拟合关系的对比

（1）从形式上看，第一种拟合方法所做工作较少，公式数量少，针对不同掺量的纤维轻骨料混凝土直接建立损伤度与冻融次数的关系，应用较为简单。

（2）以损伤力学角度建立损伤度 D 与冻融次数 N 的关系，需要借助系数 C，由于纤维掺入增大了轻骨料混凝土的复杂性和不确定性，C 值就呈现出非线性变化形式，在对损伤度与冻融次数的拟合中就需要确定 C 的变化情况。尽管确定的关系变得复杂，但是这种方法借助损伤力学方程，更加能够从损伤角度反映混凝土损伤情况，有助于从更深的角度研究损伤，也有助于与现有的其它有关于损伤的研究成果相衔接。

（3）对比两种损伤度描述与实测值的偏离情况，式中 D_1 表示为第一种拟合方法计算结果，D_2 为第二中拟合方程计算结果，见表 4.12。

表 4.12　两种拟合方程计算结果对比

纤维掺量	项目	0 次	25 次	50 次	75 次	100 次	125 次	150 次	200 次
$mf=0$kg/m^3	D 测试值	0	0.003	0.009	0.014	0.044	0.063	0.097	0.104
	D_1 计算值	0	0.0021	0.0075	0.0197	0.0390	0.0633	0.0875	0.1041
	D_2 计算值	0	0.00351	0.00709	0.01818	0.0391	0.0668	0.0948	0.1045

续表

纤维掺量	项目	0次	25次	50次	75次	100次	125次	150次	200次
$mf=0.6kg/m^3$	D 测试值	0	0.008	0.011	0.02	0.033	0.052	0.059	0.068
	D_1 计算值	0	0.0058	0.0122	0.0214	0.0338	0.0480	0.0614	0.0675
	D_2 计算值	0	0.00804	0.01078	0.02017	0.03565	0.0516	0.05949	0.0677
$mf=0.9kg/m^3$	D 测试值	0	0.001	0.003	0.004	0.015	0.031	0.046	0.061
	D_1 计算值	0	0.0012	0.0018	0.0058	0.0152	0.0297	0.0465	0.0659
	D_2 计算值	0	0.001189	0.00171	0.00575	0.0151	0.03031	0.04629	0.06141
$mf=1.2kg/m^3$	D 测试值	0	0.005	0.009	0.018	0.03	0.048	0.053	0.063
	D_1 计算值	0	0.0032	0.0095	0.0192	0.0313	0.0443	0.0557	0.0624
	D_2 计算值	0	0.00495	0.00854	0.0176	0.0315	0.0461	0.0551	0.0625

在计算值与实测值的对比中，由于损伤度的定义是以0次冻融时的弹性模量为基准，以冻融循环后动弹模量与基准动弹模量的比值进行计算，从而得出损伤度，所以0次冻融损伤的研究和拟合没有实际意义，0次冻融循环不进行拟合计算，计算拟合只针对于冻融次数大于0的情况下进行。在上面的拟合关系计算中见表4.12，计算值与实测值差异主要集中在10^{-4}数量级上，有部分点位出现在10^{-3}数量级上。从图4.29、图4.30、图4.31、图4.32中可以看出，第一种拟合方程的计算结果相对于第二种方法偏离实测点程度较大，但是偏离最大没有超过10^{-3}，可见两种方法的拟合效果都挺好，第二种方法相对精度较高，与实测点较接近。

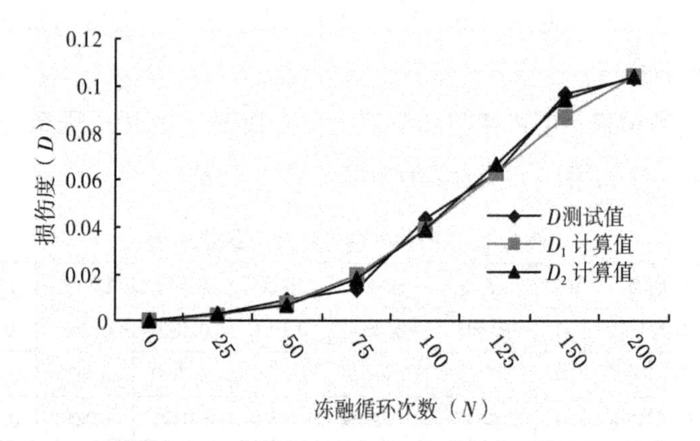

图4.29 纤维掺量0kg/m³两种拟合方法损伤度计算值与实测值对比图

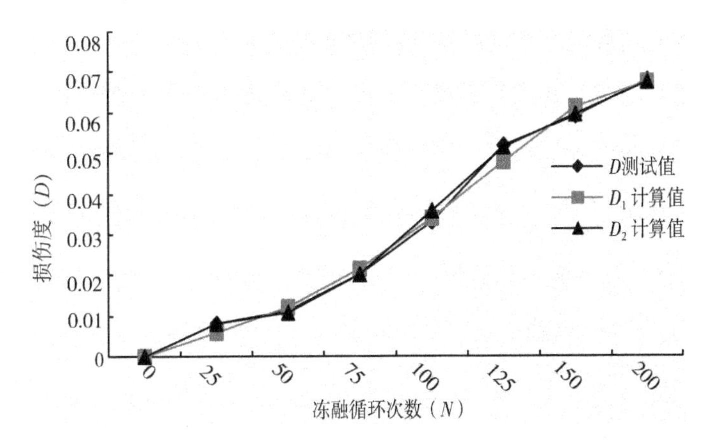

图4.30 纤维掺量0.6kg/m³两种拟合方法损伤度计算值与实测值对比图

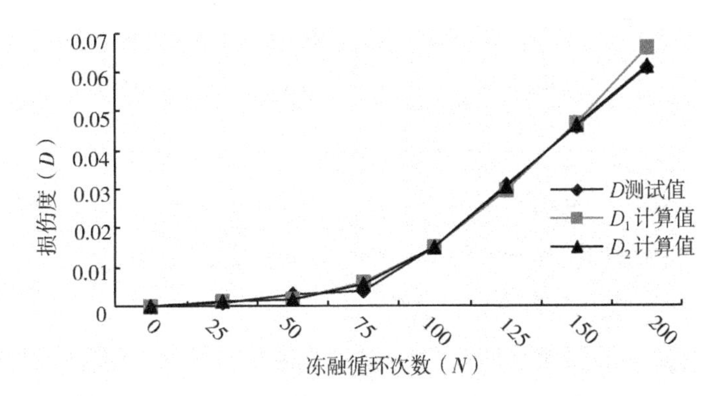

图4.31 纤维掺量0.9kg/m³两种拟合方法损伤度计算值与实测值对比图

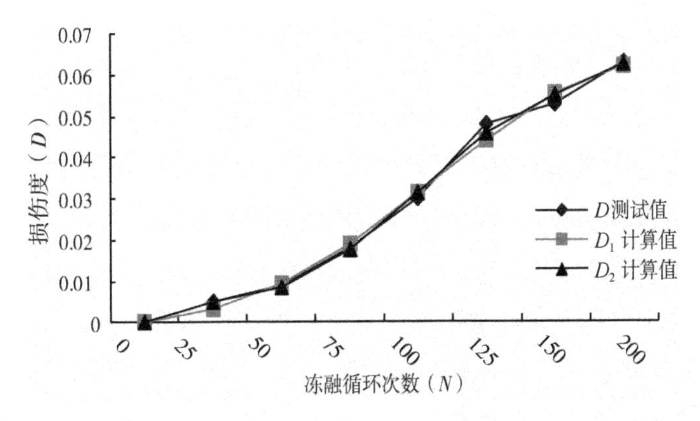

图4.32 纤维掺量1.2kg/m³两种拟合方法损伤度计算值与实测值对比图

4. 两种损伤度拟合关系与实测值偏离程度分析

由于两种方法的拟合效果都较好，很难直观地对两种方法进行对比，为了更好地说明两种方法拟合关系与实测点位的偏离程度，引入方差对总体数据偏离进行统计分析，方差 $S^2 = \frac{1}{n}\sum[(D_{计算值} - D_{测试值})^2 + \cdots]$，计算各纤维掺量的轻骨料混凝土的两种计算方法与测试值的方差见表4.13。可以看到，第二种拟合方程的计算结果与实测值的偏离程度方差相对于第一种方法较小，且在 $mf = 0.9\text{kg/m}^3$ 的轻骨料混凝土中的拟合效果最好。表中 D_1 为第一种拟合方法（$D-n$）；D_2 为第二种拟合方法（D-C-N）。

表4.13 两种拟合方程方差对比

方　差	$mf = 0\text{kg/m}^3$	$mf = 0.6\text{kg/m}^3$	$mf = 0.9\text{kg/m}^3$	$mf = 1.2\text{kg/m}^3$
D_1 方差	1.88625E-05	3.86E-06	3.84E-06	3.5E-06
D_2 方差	8.11508E-06	9.49E-07	6.88E-07	1.36E-06

由此，选择第二种损伤度拟合方程描述轻骨料混凝土在不同纤维掺量下，随冻融循环次数的增加，损伤度的变化情况具有较高的准确性。

5. 轻骨料混凝土损伤关系的总结

通过试验得到的测试值与利用两种拟合关系式计算的损伤度数据基本接近。表4.12为轻骨料混凝土在不同纤维掺量下的冻融损伤度测试值与计算值的对比表，可以看出两种方法都能较好的描述出轻骨料混凝土冻融循环次数与损伤度的关系。

由表4.12可见：纤维混凝土冻融损伤模型两种损伤度计算值与实测值都较接近，借助损伤力学的理论，本模型预测的轻骨料混凝土损伤特性更加符合试件实际冻融破坏情况，模型能够较好地反映纤维轻骨料混凝土的冻融损伤规律。表4.13中两种方法计算值与实测值的偏差程度方差更加证明了这一点。由此说明以损伤力学为依据建立的损伤模型正确可靠，符合纤维轻骨料混凝土冻融循环规律和特性。

从图4.14中可以看到纤维掺量 0.9kg/m^3 的曲线大部分阶段处在其他曲线之下，则此纤维掺量的混凝土抗冻性能最佳，混凝土的冻融损伤度最小，预期达到的冻融次数最大。虽然与纤维掺量 0.6kg/m^3 的混凝土预期冻融次数相差不多，但纤维掺量 0.9kg/m^3 的混凝土抗裂性能更优，而且冻融循环200次后，强度降低率要小于纤维掺量0.6kg/m³的混凝土，因此综合诸方面因素，在一定强度范围内，纤维掺量为0.9kg/m³时混凝土抗冻性最佳。

4.6　本章小结

（1）对基准LC30轻骨料混凝土掺入纤维和碎石都能有效地提高混凝土的强度和弹性模量，同时也能增加轻骨料混凝土的强度稳定性。纤维加入轻骨料混凝土的强度稳定性较碎石掺入更好，但是碎石的掺入不能有效地提高轻骨料混凝土的抗折性能，且碎石掺量的增加，抗折强度降低；纤维的加入明显地提高轻骨料混凝土的抗折能力，对轻骨料混凝土强度的提高随纤维的掺入量增加而增加，但增加幅度较小；

（2）轻骨料混凝土的抗压强度、抗折强度随纤维体积率增加而提高，其抗折性能地提高较为明显。聚丙烯纤维的掺入对轻骨料混凝土的受压破坏改观较大，提高了轻骨料混凝土弹性变形能力，破坏时裂缝由斜对角方向向水平方向改变，碎石轻骨料混凝土破坏时裂缝发育方向与轻骨料混凝土基本类似，但破坏时碎石骨料出现松动。

（3）碎石轻骨料混凝土抗冻性低于轻骨料混凝土且低于纤维轻骨料混凝土，在经历200次冻融循环后，纤维轻骨料混凝土仍能保持较好的形态，且能保持性能较好的纤维掺量为0.9kg/m³，但碎石轻骨料混凝土破坏情况严重。轻骨料混凝土介于其两者之间。

（4）对纤维轻骨料混凝土损伤量进行试验测定并且进行拟合，利用损伤力学观点对损伤度与冻融次数建立拟合方程，对拟合方程的计算结果与实测值进行对比，两种拟合方程能够较好的反映纤维轻骨料混凝土损伤发展历程，在200次冻融循环条件下能较好地反应不同冻融次数下的损伤量。

（5）通过试验得到的测试值与利用两种拟合关系式计算的损伤度数据基本接近，借助损伤力学的理论，第二种拟合关系建立的冻融次数与损伤度D的模型更加符合试件实际冻融破坏情况，模型能够较好地反应纤维轻骨料混凝土冻融损伤规律。

第5章　开放系统下轻骨料混凝土冻融循环试验研究

5.1　影响混凝土抗冻的因素

影响冻融破坏的因素，大致可分为几类。内部因素如集料、水泥、外加剂、水灰比、含气量等，即混凝土本身的质量；外部因素如冻融温度、冻融速率、外加荷载等，即影响混凝土的工作环境条件；施工因素如配合比、养护条件等。这些因素是互相关联、互相制约的，它们综合起来决定着混凝土冻融破坏的程度和速度。

1. 水灰比

水灰比直接影响混凝土的孔隙率及孔结构，严格限制水灰比对保证混凝土有较高抗冻性是十分必要的。水灰比越低，混凝土中孔隙率就越小，大孔隙也越少，水的渗透性就越差，相应的，混凝土抵抗冻融破坏的能力就越强。水灰比不仅影响混凝土的冻胀位移，而且对混凝土的强度也有一定影响，且其强度随着孔隙率（由水灰比决定）的降低而增加。

2. 含气量

混凝土中的细微气孔对提高混凝土的抗冻性起着很重要的作用。引入合理的封闭气泡有助于缓冲应力作用和渗透作用，从而提高混凝土的抗冻性能。由于轻骨料混凝土自身含气量在6%左右，轻骨料混凝土就是利用这一特质来抵抗冻融破坏的。即使在低水灰比下，当要求混凝土有抗冻性能时，仍然必须引气，而且必须控制混凝土合理的含气量。

3. 混凝土的饱水状态

混凝土的冻害与其孔隙的饱水程度密切相关，一般认为含水量小于孔隙体积的91.7%就不会产生冻结膨胀压力[78]，该数值被称为极限饱水度[99]。混凝土完全饱水状态下，其冻结压力最大，最易破坏；而混凝土饱水程度足够低时，混凝土将不会产生冻害。混凝土的饱水程度主要与其所处的自然环境有关，在大气中使用的混凝土结构，其含水量均达不到该值的极限，而处于潮湿环境的混凝土，其含水量要明显增大。最不利的部位是水位变化区，尤其是水工混凝土，所处环境大多属于湿度大、含水量较高的地区，此处的混凝土经常处于干湿交替变化的条件下，受冻时极易破坏。混凝土表层含水率通常大于其内部的含水率，且受冻时表层温度均低于其内部的温度，所以冻害往往是由表层开始逐步深入发展的。轻骨料混凝土由于其具有较高的孔隙率，在饱水状态下抗冻胀变形的能力较高，所以孔隙率为轻骨料混凝土提供优异的抗冻性的同时，如果处于饱水状态，其冻胀量还是较高的。减小冻胀量的途径就需要从封闭孔隙和提高轻骨料混凝土弹性变形的角度出发。

4. 混凝土的强度

强度是混凝土力学性能的考核指标和工程验收标准。一般混凝土的强度越高，其结构越致密，抵抗冻融破坏的能力也就越强；水泥强度越高抗冻性一般也越好，发生冻胀变形的幅度就小。但在实际应用中，由于高水泥用量在早期和后期易产生裂纹，使混凝土在受冻融作用时易产生质量劣化，所以在内蒙古地区，特别是北部严寒地区，尤其是水工建筑物应正确选择混凝土的强度，不要片面认为强度高就抗冻，这也是本文研究的轻骨料混凝土没有选择高强度的原因。

5. 水泥品种

水泥品种不同，其内部熟料部分的相对体积也不同，熟料占的比重大，则早期水化更充分，水泥水化产物占据的空间较多，因此便能提高混凝土的抗冻性，减小了冻胀量。此外，混凝土的抗冻性随水泥活性增高而提高，例如本文选择的普通硅酸盐水泥混凝土的抗冻性要优于混合水泥混凝土的抗冻性。

6. 集料质量

混凝土冻结破坏的程度和范围主要取决于骨料的密度，因此，为了保证抗冻性必须改变混凝土的宏观结构。集料本身的特性对抗冻性的影响主要体现在其内部孔隙结构上。混凝土中孔隙的大小分布比总的孔隙率更能影响混凝土的冻胀变形。实验证明，在含气量一定的情况下，混凝土的耐久性随着混凝土中粗骨料中孔隙占总骨料孔隙体积的增加而增加。这也就说明轻骨料混凝土在抗冻性方面的优异表现主要来源于轻骨料混凝土内浮石的高孔隙率。

5.2 试验设计

5.2.1 试验仪器及试件设计

按照北方地区水工建筑物受冻状态设计，试验仪器：可三个方向控温的三温冻融循环试验机，如图5.1所示，试件：Φ100mm×100mm圆柱体见图5.2；试模成型后，标准养护28天后拆模；拆模后根据测温点布设方案如图5.3，在试件上打孔，打孔完成后，装入冻结模具。试验数据采集系统如图5.4所示。

图5.1 混凝土三温冻融循环及冻胀试验机

根据内蒙古河套灌区冬季降温情况，冻结过程中顶板温度设置为-30℃，底板温度设定为-1℃（设定-1℃主要依据：一方面辅助冷源将试件在冻结初期迅速降温，以求得与初冬季节混凝土实际温度相接近，但又不能将温度降得太低；另一方面，实际中建筑物厚度往往大于试件的厚度10cm，10cm以外的混凝土要抵抗降温向表层10cm内的混凝土传递热量，在大量观测的基础上，本文底板温

度设定为 -1℃还是较为合适的）。

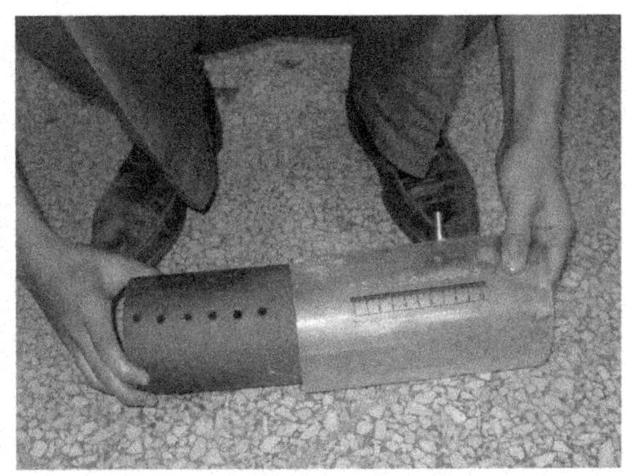

图 5.2　混凝土试件冻融测温前打孔、装模

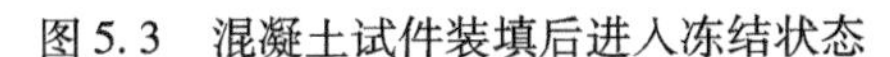

图 5.3　混凝土试件装填后进入冻结状态

图 5.4　试验数据采集系统

试验过程中冻结模具内需定期补水，保证试件处于含水量较高状态（图 5.3 中侧面白色的管子就是定期补水口）；传感器位置及编号见图 5.5；设计 12 个试件为一组，按纤维掺量的不同共分为 4 组，试验前 4 天将试件放入 15℃ ~20℃水中，保证试件含有较高水分，实验前测定质量。

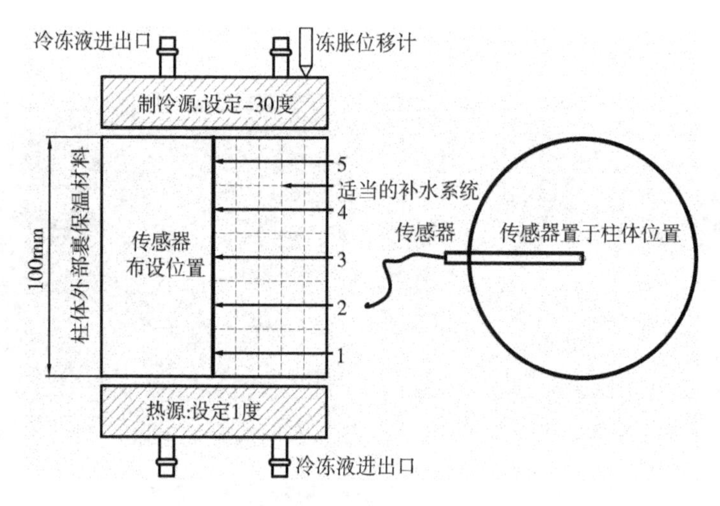

图 5.5　混凝土试件测温传感器布置图

5.2.2　轻骨料混凝土配合比方案及试件冻结状态

本次试验采用循序渐进的实验方案，确定稳定性较好的强度等级 LC30，也是水工混凝土常见的强度等级，作为基准轻骨料混凝土。在此基础上掺入聚丙烯纤维，掺量分别为 0kg/m^3、0.6kg/m^3、0.9kg/m^3、1.2kg/m^3，相应的代号为 PF0，PF0.6，PF0.9，PF1.2，配合比见表 5.1 对这四组试件进行三温冻融循环试验。图 5.6 为轻骨料混凝土仿室外环境冻结过程及冻结状态，每次冻融设计在 8h 内完成（北方内蒙古灌区初冬季节降温持续时间大致为 8h)，融化时间控制在整个冻融时间的 1/3 内，冻融结束后，取出试件称重，测定动弹模量和超声波等。

表 5.1　试验轻骨料混凝土配合比　　单位：kg/m^3

类型	编号	水泥	水	轻骨料	纤维	砂	粉煤灰	减水剂	引气剂
轻骨料混凝土	PF0	371.2	180	650.2	0.0	765.1	92.8	3.811	0.133
纤维轻骨料混凝土	PF0.6	371.2	180	650.2	0.6	671.0	92.8	4.600	0.133
	PF0.9	371.2	180	650.2	0.9	671.0	92.8	4.600	0.133
	PF1.2	371.2	180	650.2	1.2	671.0	92.8	4.600	0.133

（a）装填试件　（b）冻结开始

（c）冻结至峰点　（d）冻结至平衡状态

图5.6　轻骨料混凝土冻结、冻胀试验过程

5.3 轻骨料混凝土在开放系统下冻融循环性能衰减情况

5.3.1 开放系统下冻融循环试验数据及分析

模拟北方地区实际地理气候环境，纤维轻骨料混凝土试件在三温冻融循环试验中，尤其针对寒冷地区水工建筑物在含水量较大且冻胀作用力较大的情况下，混凝土对不同冻融次数试件的 ΔW 冻融前后质量损失率、Δf 冻融前后强度损失率以及动弹性模量和超声波速 V 进行测试，数据见表 5.2。

由表 5.2 可见：轻骨料混凝土在开放系统下完成冻融循环试验，相对于标准的冻融循环，开放系统下的冻结过程降温速度较慢，融化过程完全靠自身融化，所以，开放系统下的冻融循环混凝土比标准冻融循环混凝土各项性能下降的幅度较低。

在表 5.2 中，就某一纤维掺量或某一冻融而言，超声波速的变化与动弹性模量的变化趋势是基本相同的，变化的幅度也基本接近；同时也能够看出相对于基准轻骨料混凝土，纤维的掺入在 25 次冻融过程中能有效的降低轻骨料混凝土的弹性模量降低幅度，但是在 50 次到 75 次的范围内弹性模量的降低幅度则趋于一致，见图 5.7。

表 5.2　纤维轻骨料混凝土测试结果

编号 (LC30)	0 次		25 次				50 次				75 次			
	弹模/GPa	超声速 km/s	ΔW (%)	超声速 km/s	Δf (%)	弹模/GPa	ΔW (%)	超声速 km/s	Δf (%)	弹模/GPa	ΔW (%)	超声速 km/s	Δf (%)	弹模/GPa
PF0	33.1	4.01	-0.22	3.76	0.69	26.9	0.16	3.693	10.62	28.2	0.28	3.598	11.23	23.9
PF0.6	34.2	4.11	-0.16	3.89	0.55	29.5	0.12	3.789	9.47	28.1	0.23	3.687	10.98	26.7
PF0.9	35.3	4.12	-0.16	3.91	0.45	31.6	0.1	3.803	7.82	29.8	0.18	3.764	10.26	28.7
PF1.2	34.8	3.98	-0.18	3.86	0.47	28.4	0.12	3.761	7.87	26.3	0.19	3.591	9.66	25.9

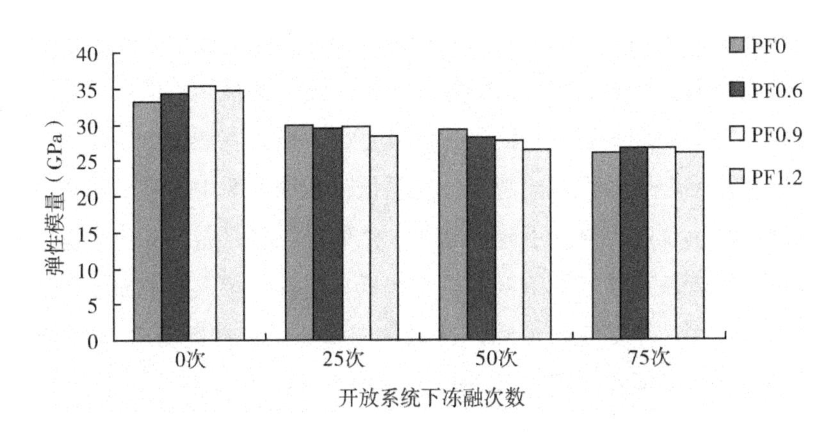

图5.7　纤维轻骨料混凝土弹性模量在开放系统下冻融循环后变化情况

同时，如图5.9，冻融循环多次后，基准轻骨料混凝土（PF0）强度下降很多，而纤维混凝土强度并未因冻融损伤而大幅度降低，且随纤维体积掺量的增加其强度降低幅度逐渐减小，其中最优异的是纤维掺量0.9kg/m^{3}时轻骨料混凝土，冻融损伤过程中纤维的增强作用较大，表明聚丙烯纤维使轻骨料混凝土的拉应力提高，并可有效抑制因冻融引起的混凝土裂纹形成和扩展。

开放系统下的冻融虽然降低了纤维混凝土的抗压强度和韧性，但多次冻融后，纤维轻骨料混凝土的强度损失远小于基准轻骨料混凝土。在冻融过程中的质量损失主要是混凝土表面剥落所致，随冻融次数的增加，质量损失增长，混凝土的抗剥落性能增强。但在25次冻融循环后试件的质量均稍有增加，原因一方面可能是浸泡时间较短，一些破坏性反应物数量较少，形成的数量或产生的破坏应力还不足以超过混凝土本身的抗拉强度；另一方面可能是由于在冻融过程中不断补水，水分的渗入导致混凝土的质量有所增加；另外在冻融后期，纤维的加入有效地将骨料浆体之间的拉接作用增强，使得掺入纤维的轻骨料混凝土的冻融循环后期质量损失减小，也是保证其强度损失相对较小的前提。

在图5.8中可以看到，相同次数的冻融，未掺纤维的轻骨料混凝土超声波速下降相对较低，这是由于超声波速与轻骨料混凝土自身致密性有关。加入纤维的轻骨料混凝土在拌合过程中由于考虑纤维的分布均匀性，拌和时间较未掺入纤维的轻骨料混凝土长一倍左右，拌和得更加均匀；另一方面，纤维在混凝土内部，自身的弹性性能随混凝土的水化受热有一定的伸展，而后随混凝土的硬化同时水化减缓，温度回调，纤维收缩。虽然收缩对混凝土致密性影响的程度较小，但是在一定程度也能影响纤维轻骨料混凝土的致密性，所以在图 5.7 中就表现出 0 次时未掺纤维的基准轻骨料混凝土超声波速最低。在图 5.8 中，随着冻融次数的增加，所有试件都呈现超声波速下降的趋势，然而纤维轻骨料混凝土仍能保持较高的超声波速，或者超声波速的降低的幅度较低。但纤维掺入对混凝土的强度损失只能起到抑制作用，不能完全消除，所以在图 5.9 中，在经历 75 次开放系统下的冻融循环后，各类混凝土仍然有 10% 左右的强度损失率。

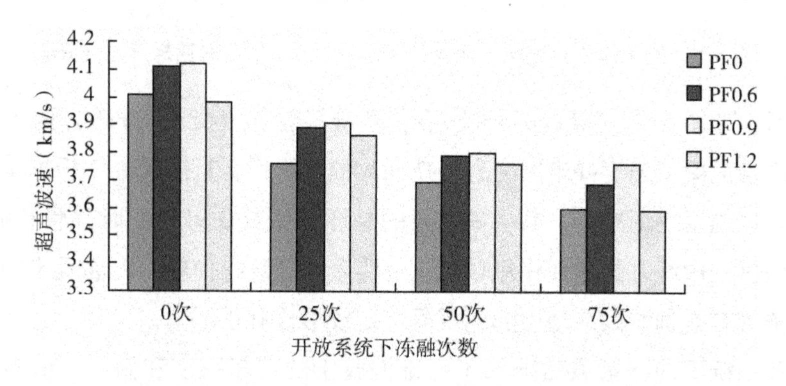

图 5.8 纤维轻骨料混凝土在开放系统下冻融循环后超声波速变化情况

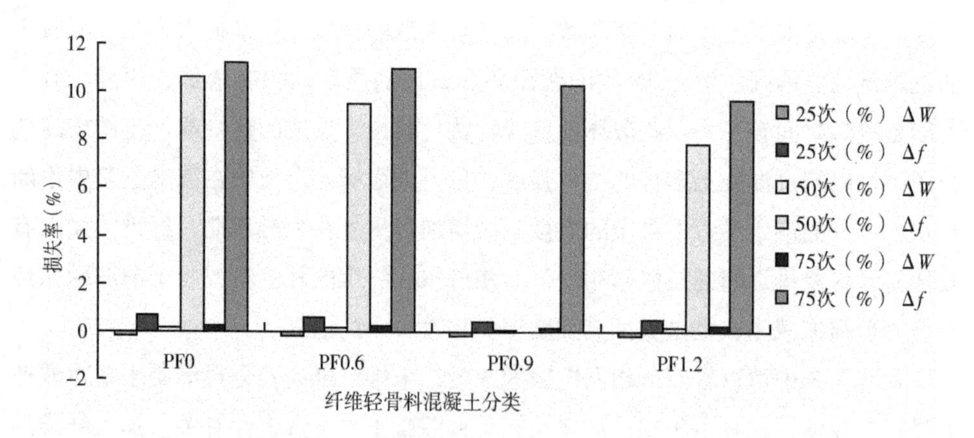

图 5.9 纤维轻骨料混凝土在开放系统下冻融循环后质量、强度损失率变化情况

5.3.2　混凝土在开放系统下冻融过程中超声波变化情况

超声波探伤仪见图4.11。它的原理是：超声波在被检测材料中传播时，材料的声学特性和内部组织的变化对超声波的传播产生一定的影响，通过对超声波受影响程度和状况地探测了解材料性能和结构变化的技术称为超声检测。超声检测方法通常有穿透法、脉冲反射法、串列法等，也就是变频原理。

时域（时间域）——自变量是时间，即横轴是时间，纵轴是信号的变化；频域（频率域）—自变量是频率，即横轴是频率，纵轴是该频率信号的幅度，也就是通常说的频谱图。频谱图描述了信号的频率结构及频率与该频率信号幅度的关系。

由图5.10、图5.14、图5.18、图5.22中可以看出，在25次冻融循环后，超声波形的波幅随着纤维地掺入而逐渐增加，在PF0.6到PF1.2时波幅的增加量较小，波速由3.76km/s增加到3.91km/s，其中PF0.9的波速为3.91km/s，具体波速见图5.10。从图5.11、图5.15、图5.19、图5.23超声波频域图中可以看出，随着纤维掺量由0到1.2kg/m^{3}的增加，主频由26.6Hz增加到39.1Hz，其中PF0的主频为26.6Hz，PF0.6的主频为39.1kHz，PF1.2的主频为35.7Hz，掺入纤维的三组都较未掺入纤维的有所增加，三组的主频数值总体相差不大。

对比图5.10和图5.12、图5.14和图5.16、图5.18和图5.20、图5.22和图5.24，可以看出随着冻融次数地增加，PF0的轻骨料混凝土波幅由88.1dB增加到94.1dB，增加的幅度较大，波速由3.76km/s降到3.59km/s，降低的幅度不大；PF0.6的轻骨料混凝土波幅由94.1dB增加到94.5dB，波速由3.89km/s降到3.68km/s，波幅与波速的变化幅度都较小；PF0.9的轻骨料混凝土波幅由94.5dB增加到97.4dB，波速由3.91km/s降到3.764km/s，波幅与波速的变化幅度都较小；PF1.2的轻骨料混凝土波幅由94.8dB增加到96.7dB，波速由3.86km/s降到3.59km/s，波幅与波速的变化幅度也都较小。

对比图5.11和图5.13、图5.15和图5.17、图5.19和图5.21、图5.23和图5.25，可以看出随着冻融次数地增加，频域都有不同的增长：PF0的轻骨料混凝土主频由26.6kHz增加到30.2kHz；PF0.6主频由39.1kHz降低到33.7kHz；PF0.9主频由33.7kHz降低到28.4kHz；PF1.2主频由35.5kHz降低到28.4kHz。

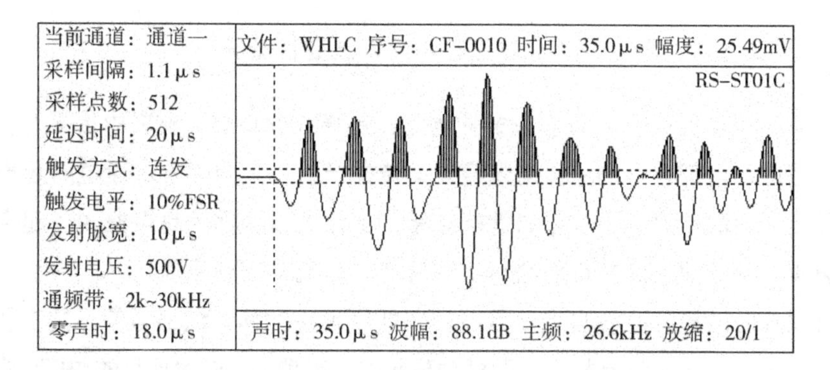

图 5.10　PF0 在 25 次冻融循环后超声波形图

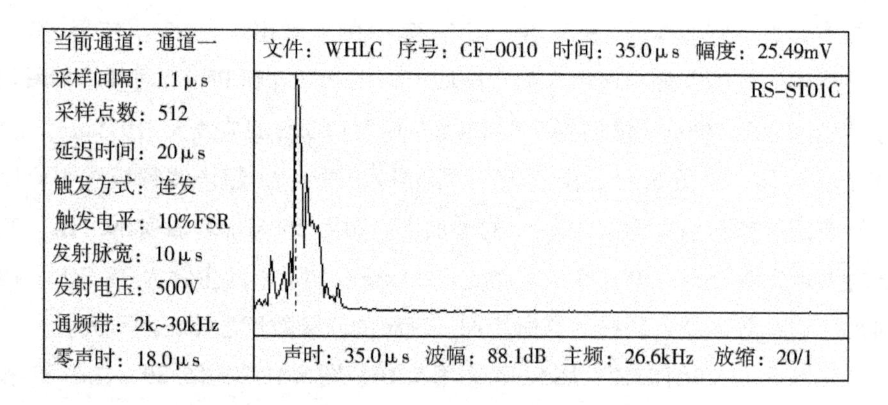

图 5.11　PF0 在 25 次冻融循环后超声波频域图

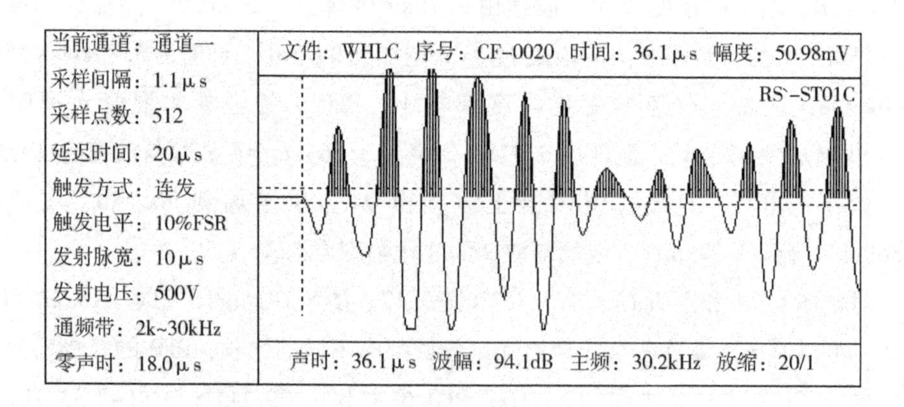

图 5.12　PF0 在 75 次冻融循环后超声波形图

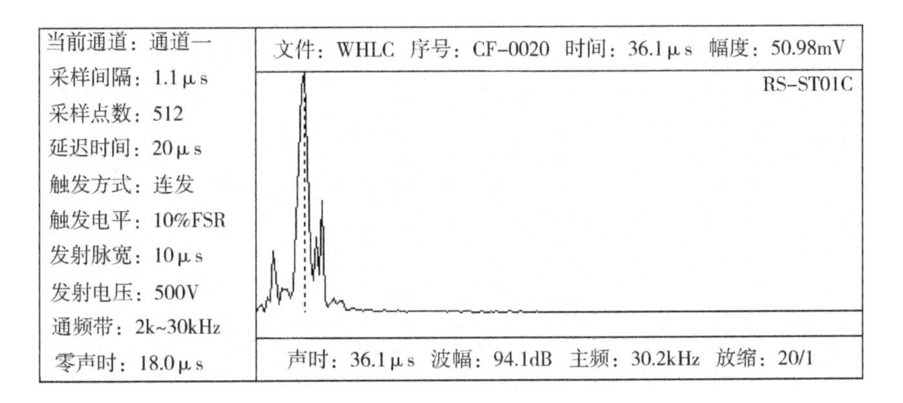

图5.13　PF0在75次冻融循环后超声波频域图

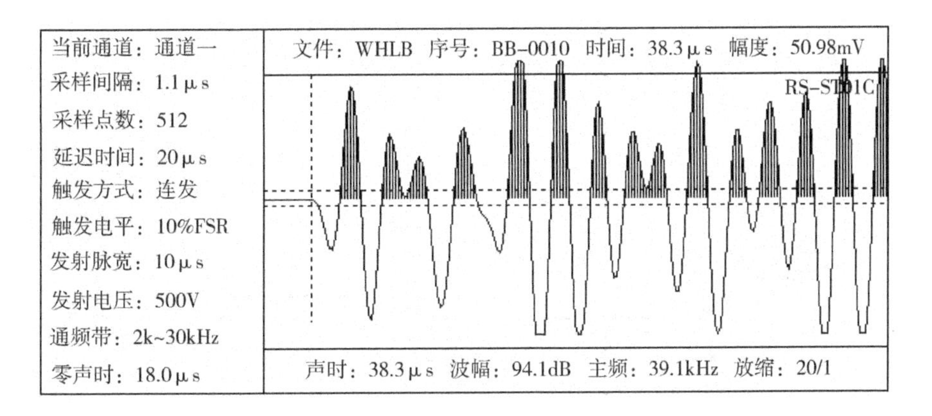

图5.14　PF0.6在25次冻融循环后超声波形图

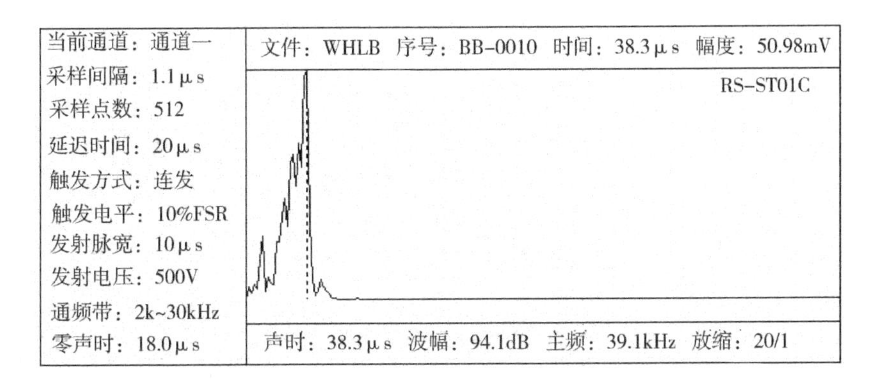

图5.15　PF0.6在25次冻融循环后超声波频域图

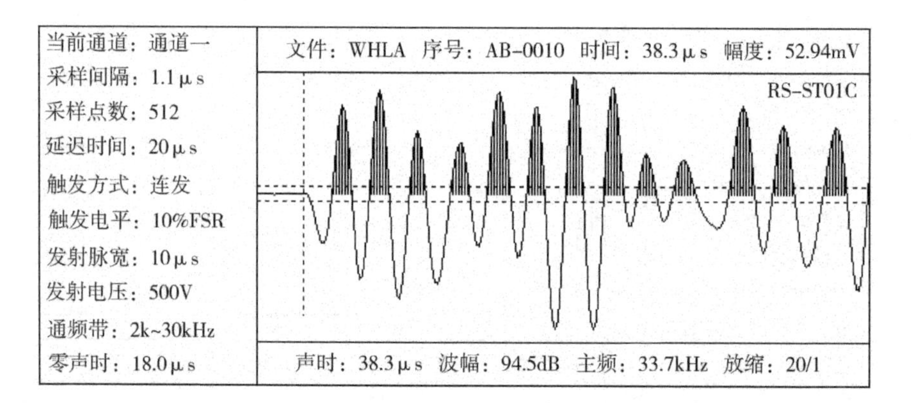

图 5.16 PF0.6 在 75 次冻融循环后超声波形图

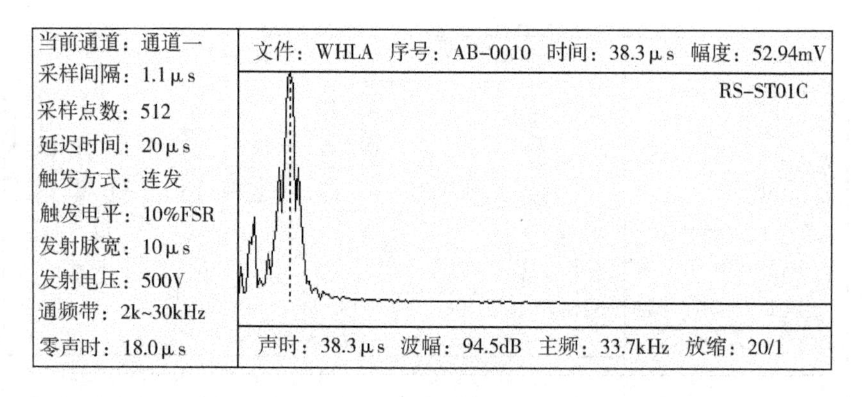

图 5.17 PF0.6 在 75 次冻融循环后超声波频域图

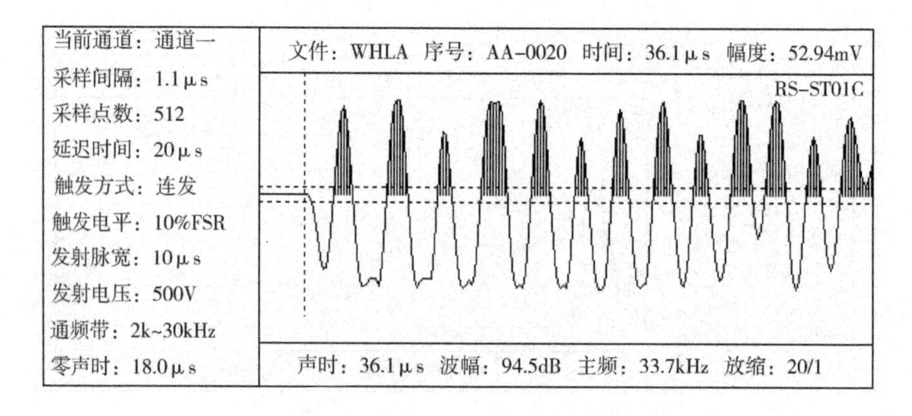

图 5.18 PF0.9 在 25 次冻融循环后超声波形图

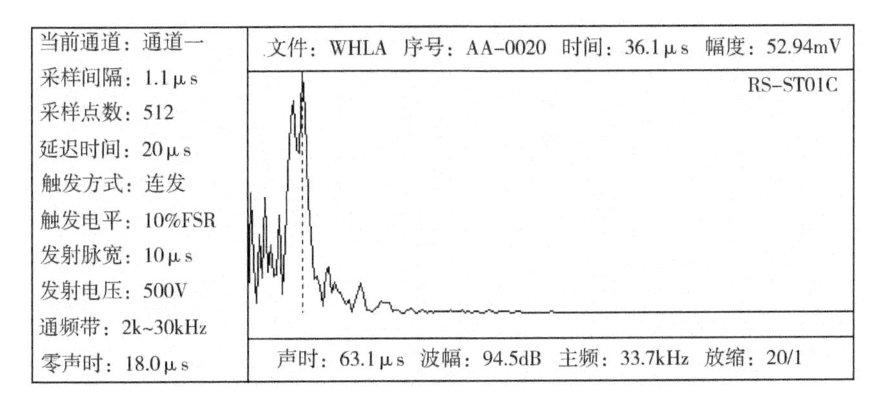

图5.19 PF0.9在25次冻融循环后超声波频域图

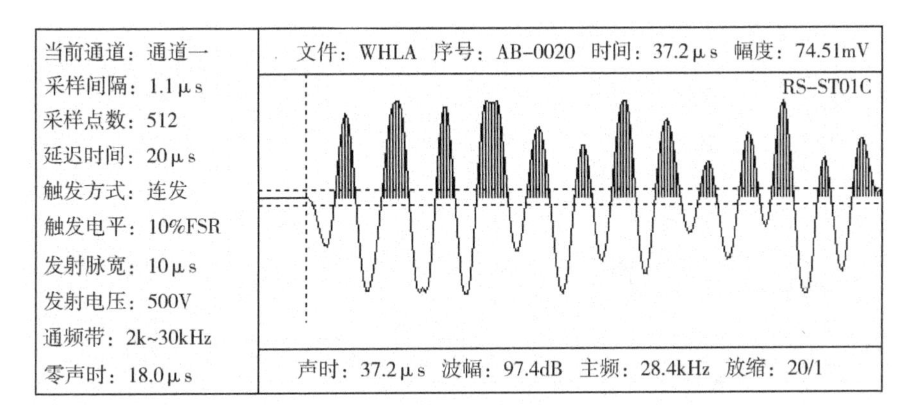

图5.20 PF0.9在75次冻融循环后超声波形图

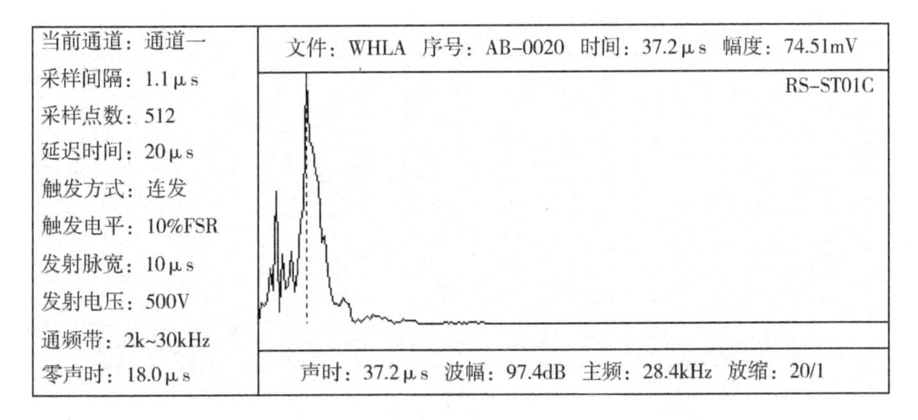

图5.21 PF0.9在75次冻融循环后超声波频域图

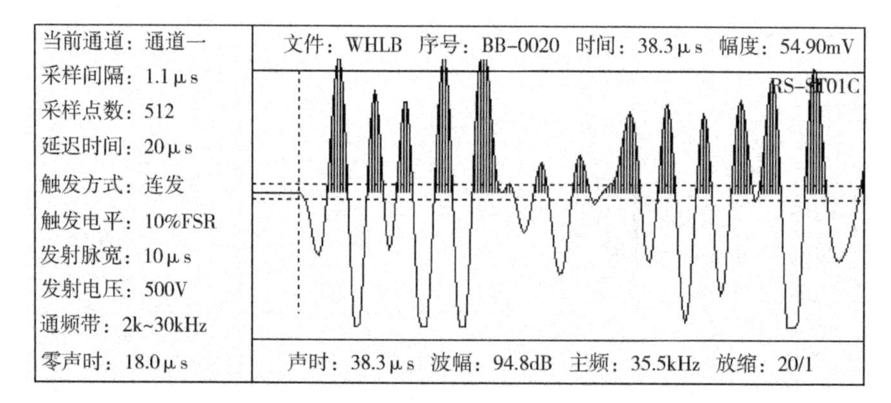

图 5.22 PF1.2 在 25 次冻融循环后超声波形图

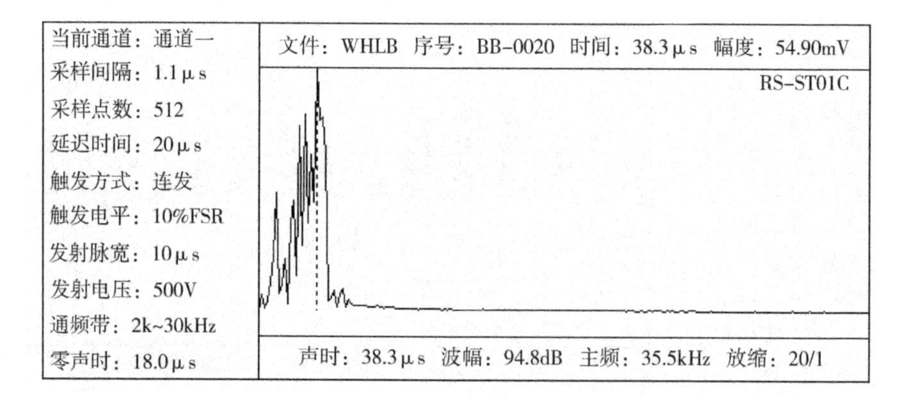

图 5.23 PF1.2 在 25 次冻融循环后超声波频域图

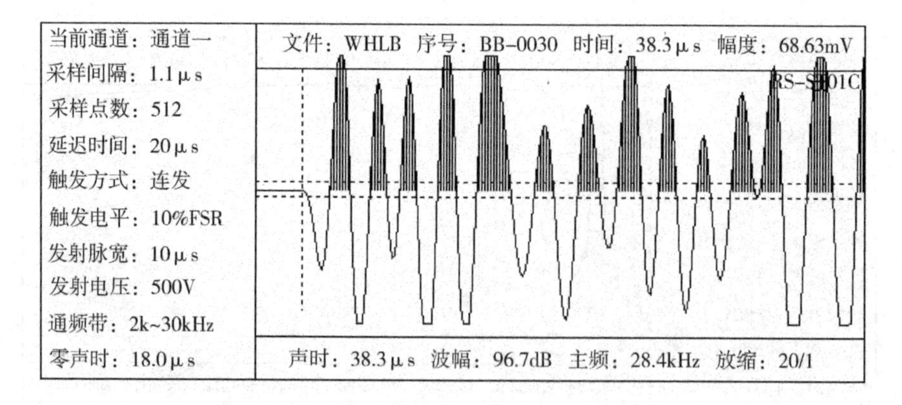

图 5.24 PF1.2 在 75 次冻融循环后超声波形图

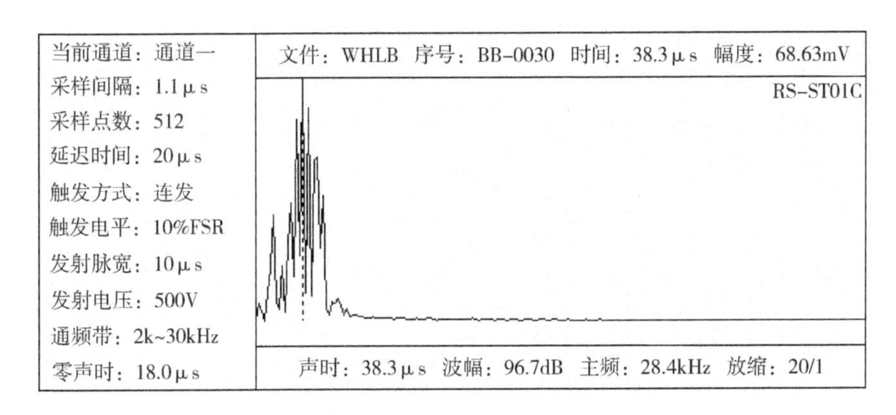

图 5.25　PF1.2 在 75 次冻融循环后超声波频域图

综合分析各冻融次数下各掺量的纤维轻骨料混凝土的超声波形图，发现在掺入 0.9kg/m^3纤维后的轻骨料混凝土的超声波形较为均匀（见图 5.18 和图 5.20），波形整齐，而且 75 次波形较 25 次波形整齐度增加，出现参差不齐的波列较少，而且在相同的冻融次数下，PF0.9 的波速是较大的（见表 5.2），说明 PF0.9 的致密性相对较好，材质稳定性相对较强，这和我们前面实验的结论比较接近。

5.4　轻骨料混凝土冻胀性能及降温传导性的试验研究

5.4.1　单次冻胀过程中试验数据

根据轻骨料混凝土在模拟室外环境下的冻融强度和质量损失情况（表 5.2），0.9kg/m^3的轻骨料混凝土质量和强度损失相对较小，且在冻融循环过程中冻胀力较小（见图 5.11），说明 0.9kg/m^3纤维掺量的轻骨料混凝土的自身协调性好，具有一定的代表性，因此对 0.9kg/m^3纤维掺量的轻骨料混凝土在单次冻结过程中的冻胀情况、温度传导情况进行研究。测试时间段为：第 1 次冻融循环中的冻结过程，第 25 次冻融循环中的冻结过程，以及第 75 次冻融循环中的冻结过程。测试数据见表 5.3、5.4、5.5。

表 5.3 PF0.9 第一次冻融过程冻胀量随时间变化关系

时间(min)	测点温度℃					控制内容			变形
	1℃	2℃	3℃	4℃	5℃	顶板温度℃	底板温度℃	环境温度℃	冻胀量(mm)
0	22.6	23	22.8	22.5	22.9	22.6	22.6	21.7	0
5	22.6	22.9	22.7	22.4	22.8	21.9	20.8	16.3	0.037
10	22.3	22.7	22.7	22.1	22.3	19.3	18.9	13	0.042
15	22	22.5	22.4	21.7	21.1	16.1	17.3	10.8	0.034
20	21.5	22.1	22	20.9	19.5	13	15.7	9.2	0.022
25	20.9	21.6	21.4	19.9	17.7	9.8	14	7.8	0.012
30	20.2	20.9	20.7	18.7	15.8	7	12.4	6.5	0.005
35	19.5	20.2	19.8	17.4	13.9	4.7	10.9	5.4	-0.002
40	18.7	19.4	18.9	16	12.1	2.6	9.4	4.5	-0.013
45	17.9	18.5	17.8	14.7	10.4	0.7	8.3	4.1	0.015
50	17	17.6	16.7	13.4	8.9	-0.5	7.1	3.7	0.008
55	16.1	16.6	15.6	12.1	7.4	-2.2	6.1	3.3	0.004
60	15.2	15.7	14.5	10.9	6.1	-3.4	5.1	3	-0.005
65	14.3	14.7	13.4	9.7	4.9	-4.4	4.3	2.6	-0.004
70	13.5	13.8	12.4	8.6	3.8	-5.4	3.5	2.4	-0.005
75	12.7	12.9	11.4	7.6	2.8	-6.2	2.7	2.1	-0.004
80	11.8	11.9	10.4	6.6	1.9	-7	1.9	1.7	-0.002
85	11	11.1	9.5	5.7	1	-7.7	1.2	1.4	0.001
90	10.3	10.2	8.6	4.8	0.2	-8.3	0.5	1.1	0.001
95	9.5	9.4	7.7	4	-0.1	-8.9	0	0.8	0.002
100	8.7	8.6	6.9	3.2	-1.1	-9.5	-0.6	0.6	0.003
105	8	7.9	6.1	2.4	-1.7	-9.9	-1.1	0.4	0.005
110	7.4	7.1	5.3	1.7	-2.3	-10.3	-1.6	0.2	0.006
115	6.7	6.4	4.7	1.1	-2.9	-10.7	-2	0	0.01
120	6	5.8	4	0.5	-3.4	-11.1	-2.5	-0.2	0.012
125	5.4	5.1	3.3	0	-4	-11.4	-2.9	-0.4	0.015
130	4.8	4.5	2.7	-0.3	-4.4	-11.7	-3.3	-0.5	0.017
135	4.3	4	2.2	-0.7	-4.9	-12	-3.6	-0.6	0.017

（续表）

时间（min）	测点温度℃					控制内容			变形
	1℃	2℃	3℃	4℃	5℃	顶板温度℃	底板温度℃	环境温度℃	冻胀量（mm）
140	3.8	3.4	1.7	-1.1	-5.3	-12.3	-3.9	-0.7	0.021
145	3.2	2.9	1.2	-1.6	-5.7	-12.5	-4.1	-1	0.022
150	2.7	2.4	0.7	-2.2	-6.1	-12.7	-4.5	-1.2	0.023
155	2.3	2	0.3	-2.7	-6.5	-13	-4.7	-1.3	0.025
160	1.8	1.5	0	-3	-6.9	-13.2	-5	-1.5	0.026
165	1.4	1.1	-0.3	-3.4	-7.2	-13.4	-5.2	-1.6	0.027
170	1	0.7	-0.3	-3.8	-7.5	-13.6	-5.5	-1.8	0.028
175	0.6	0.4	-0.7	-4.2	-7.8	-13.8	-5.7	-2	0.029
180	0.3	0.1	-1.1	-4.5	-8.1	-13.9	-5.9	-2.1	0.03
185	0	0	-1.5	-4.8	-8.4	-14.1	-6	-2.2	0.03
190	-0.2	-0.3	-1.8	-5.1	-8.6	-14.3	-6.2	-2.3	0.036
195	-0.4	-0.3	-2.1	-5.5	-8.9	-14.4	-6.4	-2.4	0.035
200	-0.5	-0.2	-2.4	-5.7	-9.1	-14.6	-6.6	-2.4	0.036
205	-0.7	-0.8	-2.7	-6	-9.3	-14.7	-6.7	-2.5	0.037
210	-0.6	-1	-3	-6.3	-9.5	-14.8	-6.9	-2.6	0.036
215	-0.8	-1.2	-3.3	-6.6	-9.7	-14.9	-6.9	-2.4	0.038
220	-0.8	-1.5	-3.5	-6.8	-9.9	-14.9	-6.9	-1.5	0.034
225	-1	-1.7	-3.8	-6.9	-10	-14.9	-6.1	0.8	0.029
230	-1.1	-1.8	-4	-7	-10.1	-15	-5.6	1.6	0.03
235	-1.3	-2.1	-4.2	-7.2	-10.1	-15.1	-5.3	2.2	0.03
240	-1.4	-2.2	-4.3	-7.3	-10.2	-15.1	-5	2.7	0.03
245	-1.6	-2.4	-4.5	-7.3	-10.3	-15.1	-4.6	3.2	0.03
250	-1.7	-2.5	-4.6	-7.4	-10.3	-15.1	-4.3	3.7	0.03
255	-1.8	-2.7	-4.6	-7.4	-10.3	-15.1	-4	4.2	0.028
260	-1.9	-2.8	-4.7	-7.5	-10.3	-15.1	-3.6	4.7	0.029
265	-1.9	-2.9	-4.8	-7.5	-10.3	-15	-3.3	5.1	0.028
270	-2	-2.9	-4.8	-7.5	-10.3	-14.9	-3	5.6	0.029
275	-2	-2.9	-4.8	-7.4	-10.2	-14.9	-2.8	6	0.028

（续表）

时间（min）	测点温度℃					控制内容			变形
	1℃	2℃	3℃	4℃	5℃	顶板温度℃	底板温度℃	环境温度℃	冻胀量（mm）
280	-1.9	-2.9	-4.8	-7.4	-10.2	-14.8	-2.5	6.3	0.031
285	-1.9	-2.9	-4.8	-7.3	-10.1	-14.7	-2.2	6.7	0.031
290	-1.9	-2.9	-4.8	-7.3	-10	-14.6	-1.9	7.1	0.031
295	-1.8	-2.8	-4.7	-7.2	-9.9	-14.5	-1.7	7.4	0.033
300	-1.7	-2.8	-4.6	-7.1	-9.8	-14.5	-1.4	7.7	0.033
305	-1.7	-2.7	-4.6	-7	-9.7	-14.3	-1.1	8	0.033
310	-1.6	-2.6	-4.5	-6.9	-9.6	-14.1	-0.9	8.3	0.033
315	-1.5	-2.5	-4.4	-6.8	-9.5	-14	-0.7	8.6	0.034
320	-1.4	-2.4	-4.3	-6.7	-9.4	-13.9	-0.4	8.9	0.034
325	-1.3	-2.2	-4.2	-6.5	-9.2	-13.8	-0.2	9.1	0.036
330	-1.2	-2.1	-4	-6.4	-9.1	-13.8	0	9.4	0.036
335	-1	-2	-3.9	-6.2	-9	-13.7	0.1	9.7	0.036
340	-0.9	-1.9	-3.8	-6.1	-8.9	-13.7	0.3	9.9	0.036
345	-0.8	-1.8	-3.6	-6	-8.8	-13.6	0.5	10.2	0.037
350	-0.7	-1.7	-3.5	-5.9	-8.7	-13.5	0.7	10.4	0.037
355	-0.6	-1.5	-3.4	-5.7	-8.6	-13.5	0.9	10.7	0.037
360	-0.5	-1.4	-3.2	-5.6	-8.5	-13.4	1.1	10.9	0.038

表5.4　PF0.9第25次冻融过程冻胀量随时间变化关系

时间（min）	测点温度℃					控制温度℃			变形
	1℃	2℃	3℃	4℃	5℃	顶板温度	底板温度	环境温度	冻胀量（mm）
0	21	19.6	19.6	19.4	18.6	19.1	21.1	21.8	0
5	19.6	19.5	19.4	19.3	17.9	17.6	18	19.5	0.003
10	16.3	19.2	19.2	18.7	12.7	11.9	13.4	15.7	0.025
15	14.5	18.6	18.6	17.2	7.6	6.8	11	13.7	0.055
20	12.9	17.6	17.6	15.2	3.4	2.9	9.3	12.1	0.062
25	11.5	16.5	16.3	13	-0.2	-0.4	7.8	10.6	0.056

（续表）

时间（min）	测点温度℃					控制温度℃			变形
	1℃	2℃	3℃	4℃	5℃	顶板温度	底板温度	环境温度	冻胀量（mm）
30	10.1	15.1	14.7	10.8	-2.7	-2.6	6.3	9.2	0.049
35	8.9	13.7	13	8.7	-4.7	-4.4	5.2	8.1	0.043
40	7.7	12.2	11.3	6.7	-6.3	-6	4.1	7	0.035
45	6.7	10.7	9.6	5	-7.6	-7.2	3.5	6	0.026
50	5.8	9.3	8.1	3.5	-8.8	-8.2	3	5.2	0.023
55	5.1	8	6.7	2.2	-9.8	-8.9	2.5	4.7	0.035
60	4.4	6.8	5.3	1	-10.7	-9.7	2.1	4.1	0.026
65	4	5.6	4.1	0	-11.4	-10.4	1.8	3.7	0.026
70	3.2	4.5	3	-0.7	-12.1	-11	1.5	3	0.009
75	2.5	3.6	2.1	-1.4	-12.6	-11.6	1.2	2.3	0.022
80	2.1	2.7	1.2	-2.1	-13.2	-12.2	0.7	2	0.017
85	1.7	1.9	0.5	-2.7	-13.7	-12.8	0.3	1.7	0.011
90	1.4	1.2	0	-3.3	-14.1	-13.3	0.1	1.5	0.026
95	1.5	0.6	-0.5	-4	-14.5	-13.7	0	1.7	0.032
100	1.2	0.1	-0.9	-4.6	-14.9	-14.2	-0.3	1.4	0.036
105	0.8	-0.2	-1.2	-5.2	-15.3	-14.6	-0.4	1	0.032
110	0.3	-0.5	-1.5	-5.8	-15.5	-14.9	-0.6	0.5	0.032
115	0.1	-0.9	-1.7	-6.3	-15.9	-15.3	-0.9	0.3	0.03
120	0	-1.1	-2.1	-6.8	-16.2	-15.7	-1.1	0.2	0.025
125	0	-1.4	-2.4	-7.3	-16.5	-16	-1.2	0.2	0.018
130	0	-1.5	-2.8	-7.7	-16.8	-16.3	-1.5	0.3	0.015
135	0	-1.6	-3.2	-8.2	-16.9	-16.5	-1.6	0.4	0.02
140	0	-1.7	-3.6	-8.5	-17.1	-16.7	-1.7	0.5	0.014
145	-0.3	-1.7	-4	-8.9	-17.2	-16.8	-1.7	-0.1	0.029
150	0.5	-1.9	-4.4	-9.2	-17.3	-17	-1.9	1.2	0.017
155	-0.4	-2.1	-4.7	-9.4	-17.4	-17.1	-1.9	0	0.024
160	-0.7	-2.2	-5.1	-9.7	-17.4	-17.1	-2.1	-0.4	0.026
165	-0.7	-2.5	-5.4	-9.9	-17.6	-17.3	-2.1	-0.3	0.02

（续表）

时间(min)	测点温度℃					控制温度℃			变形
	1℃	2℃	3℃	4℃	5℃	顶板温度	底板温度	环境温度	冻胀量(mm)
170	-0.6	-2.8	-5.7	-10.2	-17.7	-17.4	-2.2	-0.2	0.019
175	-0.5	-3.1	-6	-10.4	-17.8	-17.6	-2.3	0	0.018
180	-0.5	-3.4	-6.3	-10.6	-17.9	-17.7	-2.3	0	0.018
185	-0.4	-3.6	-6.6	-10.8	-18	-17.8	-2.3	0	-0.01
190	-0.5	-3.9	-6.8	-11	-18.1	-17.9	-2.4	-0.1	1E-03
195	0.1	-4.1	-7.1	-11.2	-18.2	-18	-2.4	1	0.006
200	-0.8	-4.3	-7.3	-11.4	-18.3	-18.1	-2.3	-0.3	0.006
205	-1.3	-4.6	-7.5	-11.5	-18.3	-18.1	-2.4	-0.9	0.006
210	-1.2	-4.8	-7.7	-11.7	-18.4	-18.2	-2.6	-0.7	-0.01
215	-1.1	-5	-7.9	-11.8	-18.5	-18.4	-2.7	-0.6	-0.02
220	-1	-5.2	-8.1	-12	-18.6	-18.5	-2.3	-0.4	-0.03
225	-0.9	-5.4	-8.2	-12.1	-18.8	-18.8	0	-0.2	-0.04
230	-0.8	-5.5	-8.3	-12.1	-19	-19	1	-0.1	-0.04
235	-0.8	-5.6	-8.4	-12.2	-19.2	-19.3	1.6	0	-0.03
240	-0.8	-5.7	-8.4	-12.3	-19.3	-19.4	2.2	0	-0.03
245	-0.5	-5.8	-8.5	-12.3	-19.3	-19.5	2.8	0.3	-0.03
250	-1	-5.9	-8.5	-12.3	-19.3	-19.5	3.4	-0.4	-0.02
255	-1.4	-5.9	-8.5	-12.3	-19.2	-19.3	3.9	-0.8	-0.02
260	-1.4	-5.9	-8.5	-12.2	-19	-19.2	4.4	-1	-0.01
265	-1.6	-5.9	-8.5	-12.1	-19	-19.3	5	-1.1	-0.01
270	-1.8	-5.9	-8.4	-12.1	-19.1	-19.4	5.5	-1.3	-0.01
275	-1.9	-5.9	-8.4	-12	-19.1	-19.4	5.9	-1.3	-0.01
280	-1.9	-5.9	-8.4	-12	-19.1	-19.4	6.3	-1.3	-0.01
285	-1.8	-5.9	-8.3	-11.9	-19.1	-19.4	6.6	-1.1	0
290	-1.7	-5.9	-8.3	-11.9	-19.1	-19.4	6.8	-0.9	0
295	-1.5	-5.9	-8.2	-11.9	-19.1	-19.4	7.1	-0.6	-0.01
300	-1.3	-5.8	-8.2	-11.8	-19	-19.4	7.4	-0.4	-0.01
305	-1.1	-5.8	-8.1	-11.7	-18.9	-19.3	7.6	-0.2	0

（续表）

时间（min）	测点温度℃					控制温度℃			变形
	1℃	2℃	3℃	4℃	5℃	顶板温度	底板温度	环境温度	冻胀量（mm）
310	-1	-5.7	-8.1	-11.6	-18.9	-19.3	7.9	0	0.003
315	-1.2	-5.6	-8	-11.6	-18.8	-19.2	8.1	-0.5	0.013
320	-0.5	-5.5	-7.9	-11.5	-18.8	-19.1	8.4	0.6	0.006
325	-0.9	-5.5	-7.8	-11.4	-18.7	-19	8.6	-0.2	0.019
330	-1.1	-5.4	-7.7	-11.3	-18.4	-18.8	8.9	-0.5	0.038
335	-1.3	-5.3	-7.6	-11.2	-18.4	-18.8	9.1	-0.7	0.039
340	-1.3	-5.2	-7.5	-11.1	-18.4	-18.8	9.3	-0.6	0.039
345	-1.2	-5.1	-7.4	-11.1	-18.4	-18.9	9.5	-0.5	0.039
350	-0.9	-4.8	-7	-10.6	-17.4	-17.9	16.8	-0.3	0.051
355	-0.7	-4.6	-6.7	-10	-15.9	-16.6	14	0	0.095
360	-0.6	-4.3	-6.2	-9.2	-14.7	-15.5	14.1	0.1	0.108
365	-0.3	-4.1	-5.7	-8.4	-13.5	-14.4	14.3	0.4	0.115
370	0	-3.7	-5.2	-7.6	-12.4	-13.4	14.6	0.8	0.124
375	0.3	-3.4	-4.7	-7	-11.4	-12.3	14.9	1.1	0.126
380	0.6	-3.2	-4.3	-6.3	-10.5	-11.3	15.2	1.5	0.132
385	1.1	-2.9	-3.9	-5.8	-9.6	-10.5	15.5	2	0.142
390	1.5	-2.6	-3.6	-5.3	-8.8	-9.6	15.8	2.3	0.154
395	2	-2.3	-3.2	-4.7	-8	-8.8	16	2.8	0.165
400	2.4	-2	-2.9	-4.3	-7.2	-8	16.3	3.2	0.176
405	2.9	-1.8	-2.6	-3.9	-6.4	-7.2	16.5	3.7	0.188
410	3.3	-1.5	-2.3	-3.5	-5.8	-6.5	16.8	4.1	0.199
415	3.8	-1	-2.1	-3.2	-5.1	-5.9	17	4.5	0.211
420	4.2	-0.6	-1.8	-2.9	-4.5	-5.2	17.2	5	0.221
425	4.7	-0.1	-1.5	-2.5	-4	-4.6	17.5	5.4	0.234
430	5.1	0.5	-1.1	-2.2	-3.4	-4	17.7	5.8	0.245
435	5.5	1.1	-0.7	-2	-2.9	-3.4	17.9	6.2	0.257
440	6	1.7	-0.3	-1.7	-2.6	-3	18.2	6.6	0.257
445	6.3	2.1	0	-1.5	-2.2	-2.5	17.8	7	0.255

（续表）

时间（min）	测点温度℃					控制温度℃			变形
	1℃	2℃	3℃	4℃	5℃	顶板温度	底板温度	环境温度	冻胀量（mm）
450	6. 7	2. 5	0. 5	-1. 3	-1. 9	-2. 1	17. 7	7. 4	0. 257
455	7	2. 8	1	-1	-1. 6	-1. 7	17. 7	7. 8	0. 257
460	7. 4	3. 2	1. 4	-0. 7	-1. 2	-1. 4	17. 7	8. 1	0. 258
465	7. 8	3. 6	1. 9	-0. 3	-0. 7	-1	17. 7	8. 5	0. 273
470	8. 1	4	2. 4	0. 2	0	-0. 6	17. 7	8. 9	0. 279
475	8. 5	4. 4	2. 9	1	0. 9	-0. 2	17. 8	9. 3	0. 285
480	8. 9	4. 8	3. 5	1. 8	2	0. 2	17. 8	9. 7	0. 29

表 5. 5 PF0. 9 第 75 次冻融过程冻胀量随时间变化关系

时间（min）	测点温度℃					控制温度℃			变形
	1℃	2℃	3℃	4℃	5℃	底板温度	顶板温度	环境温度	冻胀量（mm）
0	14. 2	14	13. 9	14. 1	14	14. 8	14. 8	15. 5	1. 88
5	18. 5	18. 2	17. 9	18. 2	18. 1	17. 5	19. 1	18. 3	1. 88
10	18. 2	18. 2	17. 9	18. 2	17. 8	12. 3	2. 2	16. 3	1. 81
15	17. 3	17. 9	17. 7	17. 5	15. 1	10. 6	-9. 8	14. 3	1. 74
20	16. 2	17. 3	17. 1	16	11. 8	9. 3	-14. 2	12. 4	1. 698
25	15. 1	16. 4	16. 1	14. 2	9	8. 1	-16. 1	10. 5	1. 676
30	14	15. 4	14. 7	12. 3	6. 7	7	-17. 6	8. 8	1. 646
35	12. 8	14. 2	13. 4	10. 5	4. 7	6. 1	-18. 6	7. 4	1. 624
40	11. 7	12. 9	11. 9	8. 9	3	5. 2	-19. 3	6. 2	1. 616
45	10. 6	11. 7	10. 5	7. 4	1. 6	4. 6	-20. 1	5	1. 606
50	9. 5	10. 5	9. 2	6	0. 2	4. 2	-20. 6	4	1. 608
55	8. 6	9. 4	7. 9	4. 7	-0. 7	3. 8	-20. 9	3	1. 626
60	7. 6	8. 2	6. 7	3. 5	-1. 6	3. 5	-21	2. 2	1. 626
65	6. 8	7. 2	5. 6	2. 5	-2. 4	3. 1	-21. 2	1. 3	1. 628
70	6	6. 2	4. 5	1. 7	-3. 2	2. 4	-21. 3	0. 6	1. 64
75	5. 2	5. 3	3. 6	0. 9	-4	1. 8	-21. 4	0	1. 628

（续表）

时间（min）	测点温度℃					控制温度℃			变形
	1℃	2℃	3℃	4℃	5℃	底板温度	顶板温度	环境温度	冻胀量（mm）
80	4.4	4.5	2.8	0.3	-4.7	1.5	-21.8	-0.5	1.624
85	3.7	3.7	2	0	-5.4	1.3	-22.1	-1.1	1.656
90	3.1	2.9	1.3	-0.7	-6	1.2	-22.2	-1.6	1.638
95	2.5	2.3	0.7	-1.4	-6.7	1.2	-22.5	-2.2	1.638
100	2	1.7	0.2	-2	-7.3	1.3	-22.7	-2.6	1.648
105	1.6	1.2	0	-2.6	-7.9	1.5	-22.7	-3.1	1.646
110	1.3	0.8	-0.3	-3.2	-8.3	1.5	-22.6	-3.5	1.652
115	1	0.4	-0.5	-3.7	-8.8	1	-22.6	-3.9	1.654
120	0.7	0.2	-0.7	-4.2	-9.2	0.8	-22.5	-4.2	1.656
125	0.5	0	-1	-4.6	-9.5	0.7	-22.6	-4.5	1.66
130	0.3	-0.1	-1.5	-5.1	-9.8	0.8	-22.6	-4.8	1.664
135	0.1	-0.2	-1.8	-5.5	-10.1	1.2	-22.6	-5.1	1.68
140	0.1	-0.3	-2.1	-5.9	-10.5	1.2	-22.7	-5.4	1.68
145	0.1	-0.4	-2.5	-6.2	-10.7	0.7	-22.6	-5.6	1.674
150	0	-0.4	-2.8	-6.5	-11	0.2	-22.6	-5.8	1.69
155	-0.1	-0.5	-3.2	-6.9	-11.2	0.2	-22.7	-6	1.676
160	-0.1	-0.6	-3.5	-7.1	-11.4	0.1	-22.6	-6.2	1.668
165	-0.2	-0.8	-3.8	-7.4	-11.6	0.2	-22.7	-6.4	1.662
170	-0.2	-1	-4.2	-7.7	-11.9	0.1	-22.6	-6.6	1.674
175	-0.2	-1.2	-4.4	-7.9	-12	0.3	-22.6	-6.7	1.672
180	-0.2	-1.4	-4.7	-8.2	-12.2	0.7	-22.6	-6.9	1.67
185	-0.3	-1.6	-4.9	-8.4	-12.3	0.7	-22.5	-7	1.682
190	-0.3	-1.8	-5.2	-8.6	-12.4	0.5	-22.5	-7.2	1.682
195	-0.4	-2.1	-5.4	-8.8	-12.6	0.4	-22.4	-7.2	1.68
200	-0.5	-2.3	-5.6	-8.9	-12.7	0.4	-22.4	-7.4	1.676
205	-0.6	-2.6	-5.9	-9.1	-12.8	0.1	-22.5	-7.2	1.676
210	-0.7	-2.8	-6	-9.2	-12.8	0	-22.5	-6.1	1.652
215	-0.8	-3	-6.2	-9.3	-12.9	0	-22.6	-5.5	1.648

（续表）

时间（min）	测点温度℃					控制温度℃			变形
	1℃	2℃	3℃	4℃	5℃	底板温度	顶板温度	环境温度	冻胀量（mm）
220	-0.9	-3.1	-6.3	-9.3	-12.9	0.2	-22.6	-5.1	1.656
225	-1.1	-3.3	-6.3	-9.4	-12.9	0.5	-22.6	-4.8	1.658
230	-1.2	-3.4	-6.4	-9.4	-12.8	0.6	-22.6	-4.4	1.654
235	-1.3	-3.5	-6.5	-9.4	-12.8	0.3	-22.5	-4	1.662
240	-1.4	-3.5	-6.5	-9.3	-12.7	0.1	-22.4	-3.7	1.674
245	-1.5	-3.6	-6.5	-9.3	-12.7	0.2	-22.4	-3.3	1.68
250	-1.5	-3.7	-6.5	-9.2	-12.6	0.3	-22.4	-3	1.676
255	-1.6	-3.7	-6.5	-9.2	-12.5	0.2	-22.3	-2.7	1.678
260	-1.7	-3.7	-6.4	-9.1	-12.5	0.2	-22.2	-2.4	1.684
265	-1.7	-3.7	-6.4	-9.1	-12.4	0.4	-22.1	-2.2	1.692
270	-1.7	-3.7	-6.4	-9	-12.3	0.5	-22.1	-1.9	1.704
275	-1.7	-3.7	-6.3	-8.9	-12.2	0.5	-22.1	-1.7	1.68
280	-1.7	-3.7	-6.2	-8.8	-12.1	0.5	-22	-1.4	1.704
285	-1.7	-3.6	-6.2	-8.7	-12	0.5	-21.9	-1.2	1.686
290	-1.7	-3.6	-6.1	-8.6	-11.9	0.4	-21.8	-1	1.692
295	-1.7	-3.6	-6	-8.5	-11.8	0.2	-21.8	-0.8	1.702
300	-1.7	-3.5	-5.9	-8.4	-11.7	0.2	-21.7	-0.6	1.694
305	-1.7	-3.5	-5.9	-8.3	-11.6	0.4	-21.7	-0.4	1.692
310	-1.6	-3.4	-5.8	-8.2	-11.5	0.6	-21.7	-0.2	1.698
315	-1.5	-3.3	-5.7	-8.2	-11.5	0.8	-21.6	-0.1	1.698
320	-1.5	-3.2	-5.6	-8.1	-11.3	0.6	-21.6	0	1.694
325	-1.5	-3.2	-5.5	-8	-11.2	0.5	-21.4	0.2	1.696
330	-1.4	-3.1	-5.4	-7.9	-11.2	0.5	-21.5	0.3	1.698
335	-1.4	-3	-5.3	-7.8	-11.1	0.5	-21.4	0.5	1.704
340	-1.3	-3	-5.2	-7.7	-11	0.4	-21.4	0.6	1.698
345	-1.2	-2.9	-5.1	-7.6	-10.9	0.4	-21.4	0.7	1.702
350	-1.2	-2.8	-5.1	-7.5	-10.8	0.4	-21.3	0.9	1.718
355	-1.1	-2.8	-5	-7.4	-10.7	0.7	-21.2	1	1.73

（续表）

时间(min)	测点温度℃					控制温度℃			变形
	1℃	2℃	3℃	4℃	5℃	底板温度	顶板温度	环境温度	冻胀量(mm)
360	-1.1	-2.7	-4.9	-7.4	-10.7	0.8	-21.2	1.1	1.72
365	-1	-2.6	-4.8	-7.3	-10.6	0.7	-21.2	1.2	1.71
370	-1	-2.6	-4.8	-7.2	-10.6	0.7	-21.1	1.3	1.73
375	-0.9	-2.5	-4.7	-7.1	-10.5	0.5	-21.1	1.4	1.726
380	-0.9	-2.5	-4.7	-7.1	-10.4	0.4	-21	1.5	1.728
385	-0.9	-2.4	-4.6	-7.1	-10.4	0.4	-21	1.6	1.73
390	-0.8	-2.3	-4.5	-7	-10.3	0.4	-21	1.6	1.73
395	-0.8	-2.3	-4.5	-6.9	-10.3	0.6	-21	1.8	1.742
400	-0.8	-2.3	-4.5	-6.9	-10.3	0.8	-21	1.8	1.736
405	-0.8	-2.2	-4.4	-6.9	-10.2	0.9	-20.9	1.9	1.734
410	-0.7	-2.2	-4.4	-6.8	-10.2	0.8	-20.9	1.9	1.736
415	-0.7	-2.2	-4.3	-6.8	-10.1	0.7	-20.8	2	1.742
420	-0.7	-2.1	-4.3	-6.7	-10.1	0.6	-20.7	2	1.742
425	-0.6	-2.1	-4.3	-6.7	-10.1	0.5	-20.7	2	1.732
430	-0.6	-2.1	-4.2	-6.7	-10	0.5	-20.6	2.1	1.732
435	-0.6	-2	-4.2	-6.6	-10	0.5	-20.7	2.1	1.742
440	-0.5	-2	-4.2	-6.6	-9.9	0.7	-20.7	2.2	1.736

5.4.2　纤维轻骨料混凝土冻胀量的发育情况

利用大型三温冻融循环试验机（见图 5.1），对 0.9kg/m^{3}纤维掺量轻骨料混凝土在高含水率的情况下进行冻融循环的同时，侧重选取第 1 次，第 25 次和第 75 次冻融循环中的冻胀性能进行分析。试验中保持补水系统顺畅，保证试件处于饱水状态，顶板降温按照实际降温环境进行设定，同时在侧重的 1 次、25 次、75 次的冻结过程中需要手动略加控制（手动控制的目的为通过手动微调设定的降温，使其更加与实际降温相接近）。

图 5.26 为 0.9kg/m^{3}纤维掺量轻骨料混凝土在第一次冻结过程中冻胀量发育

图，从图中可以看到冻胀量整体发育相对较为均衡，而且发育得较快，最大冻胀量达到1.29mm（试件高度为10cm），局部表现出强力反弹，即在冻结过程中冻胀量发育呈现出波浪起伏状态，开始波动幅度较小，呈现小波浪起伏状态，后期波动幅度相对较大，反弹幅度（波动幅度）随时间增长而呈现出增加趋势。这种波动形式表明在这一冻结层面上，纤维开始发挥约束作用，且发挥约束作用的纤维量随冻结封面的下移而逐渐增加，从而导致冻胀力向多方向分解；随着时间增加波动幅度增大，说明在冻结过程中，冻结封面的下移，参与冻结的纤维数量增加，开始发挥约束作用的纤维数量在增加。纵观整个冻胀量发育过程，整体趋势呈现出类似线性增长关系，说明纤维的加入使得轻骨料混凝土的冻胀量发育具有一定的规律性。

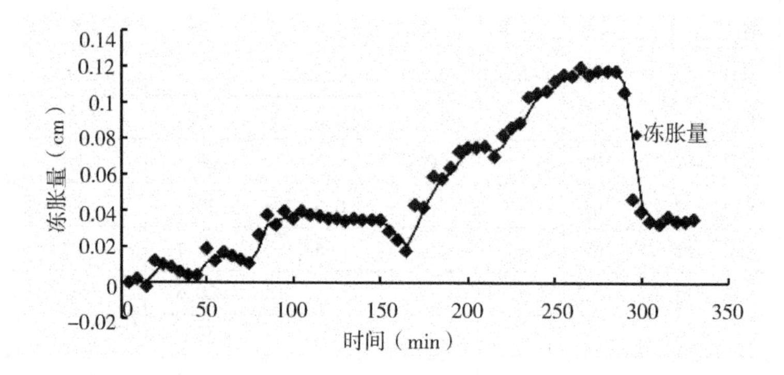

图5.26 PF0.9第一次冻融过程冻胀量随时间变化关系

0.9kg/m^{3}纤维掺量的轻骨料混凝土在开放系统下经过24次冻融后，在第25次冻融循环中的冻结过程如图5.27：冻结一开始，初始累计冻胀量达到0.45mm，冻结过程曲线较第一次冻结而言，冻胀量的发育过程相对缓和，整体反弹幅度增大，局部反弹波动幅度相对减小。这是因为经过25次反复冻融，迫使纤维、骨料、水泥浆体共同构成的网络协调性增强，相互适应性增强。

经过74次冻融循环后，第75次冻结过程的冻胀量发育情况见图5.28，在冻结开始时的累计冻胀量已经达到1.88mm。可见在多次冻融后期，随着纤维、骨料、浆体间工作协调性增加，试件能够逐步的、自由的释放变形。并且在75次冻胀量发育过程的初期，冻胀量反弹幅度较大，而后发展过程较为平缓，这是由

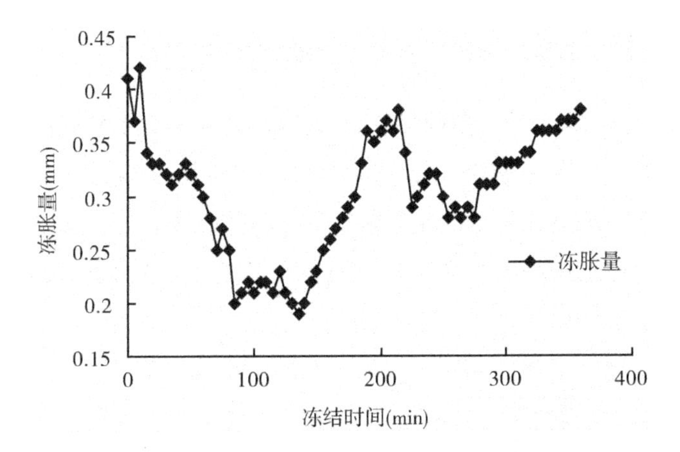

图5.27　PF0.9在25次冻融过程冻胀量随时间变化关系

于在经过多次冻融后，系统协调性增强，在74次冻结融化后，系统处于完全松弛状态。

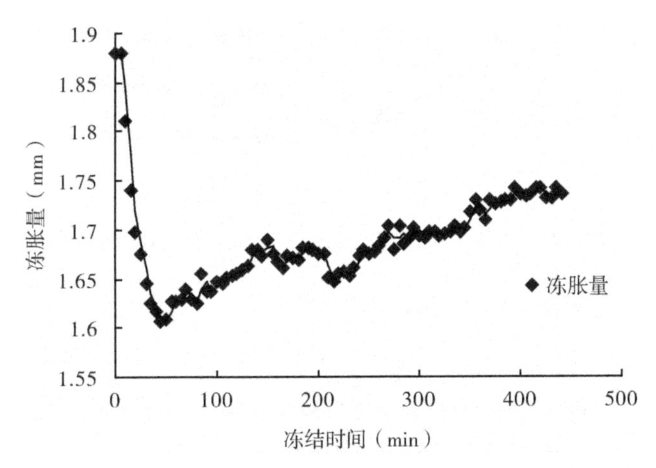

图5.28　PF0.9在75次冻融过程冻胀量随时间变化关系

75次冻结过程的骤然降温（即冻结开始阶段）造成纤维收缩能力增强，故出现反弹，反弹量在0.25mm左右。第一次波动后，冻胀量增长平缓，反弹幅度较小，直至发育到一个稳定的冻胀量，我们预测之后的冻胀量将围绕2.0mm ± 0.4～0.5mm范围内波动。由于纤维轻骨料混凝土较普通混凝土孔隙率大、弹性好，在2.0mm的冻胀量对其损伤程度较小。

5.4.3 纤维轻骨料混凝土冻结过程测试点温度传导过程

轻骨料混凝土在饱水环境中具有较好的导温性能，且随着冻融次数的增加温度传导更加顺畅。如图5.29所示，试件在第一次经历冻结过程中各点温度传导相对不是很顺畅，冻结过程中各层面温度下降得较勉强，各层面之间温度梯度较大，能量在层面上集中程度较高（即下层混凝土对上层混凝土传递来的降温能量抵制性较强）。

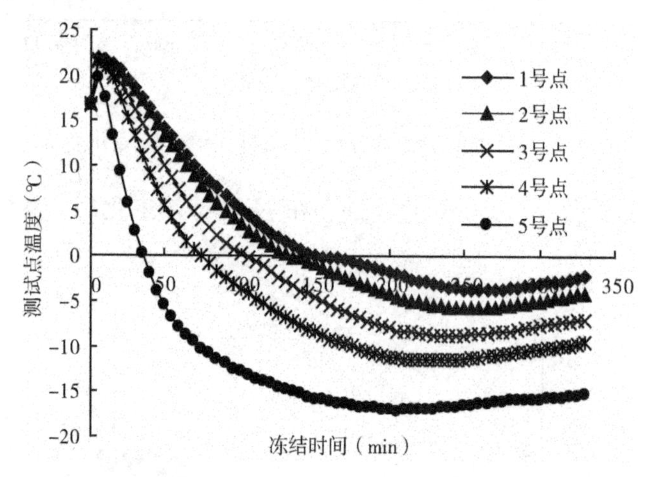

图5.29 PF0.9在第一次冻融过程温度随时间变化关系

75次冻结过程如图5.30所示。轻骨料混凝土在开放系统下经过74次冻结后，在第75次冻结过程中各个层面温度下降较为顺畅，冻结封面向下匀速移动，层面之间温度梯度较小。经过多次冻融循环，下层混凝土与上层混凝土之间形成较好的配合能力，下层混凝土吸收上层混凝土传递的降温能量较快，在层面间集中的降温能力减小。

由于在第一次冻结时，试件接近冷源的5号层面内水分迅速凝结，温度骤然下降，促使纤维迅速工作，造成层面内密度的微小变化，给温度的传导造成一定障碍；在经历多次冻融后，纤维、骨料和水泥浆体协同变形能力增强，在75次冻结过程中，温度传递得较为顺畅。

图5.31、图5.32、图5.33为第1次、25次、75次冻结过程，试件随不同深

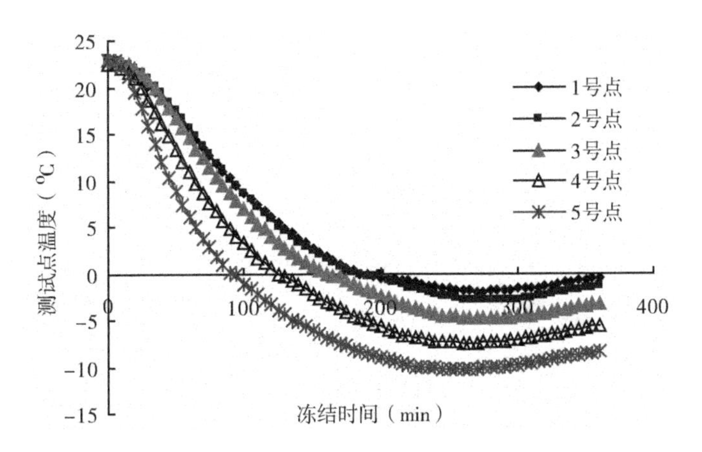

图 5.30　PF0.9 在 75 次冻融过程温度随时间变化关系

度的温度变化情况，图中右侧分类为时间（单位是：分钟）。可以看出，在同一个时间点上，冻结温度在试件不同深度范围的分布呈现非线性趋势，但是不同时间点上的温度分布趋势相同。

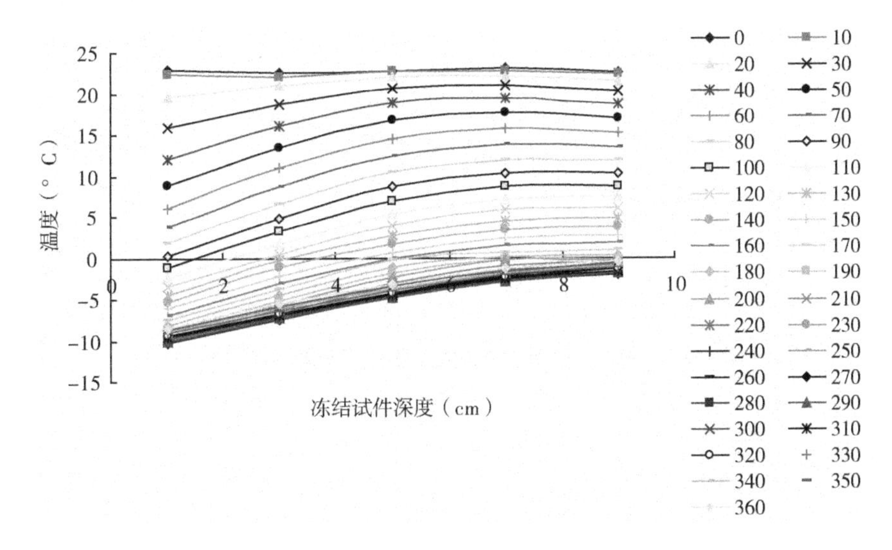

图 5.31　PF0.9 在 1 次冻融过程温度随深度变化关系

就单次冻结过程而言，随着温度地下降，温度在各层面上的分布逐渐由非线性状态向线性转化，冻结到一定时间，温度下降缓慢，各层面上温度分布均匀。

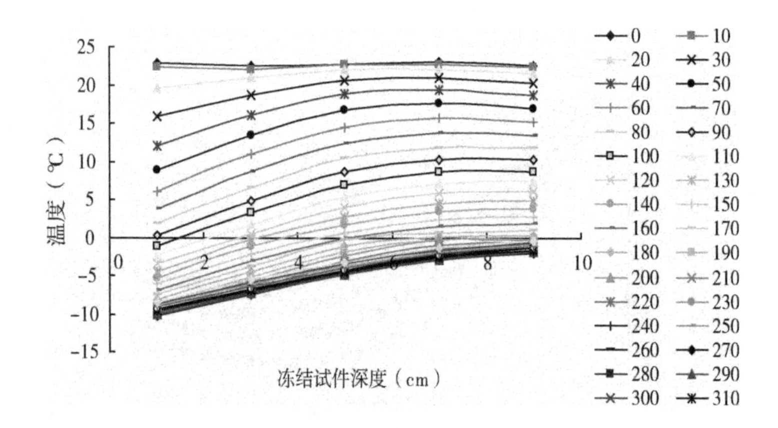

图 5.32　PF0.9 在 25 次冻融过程温度随试件深度变化关系

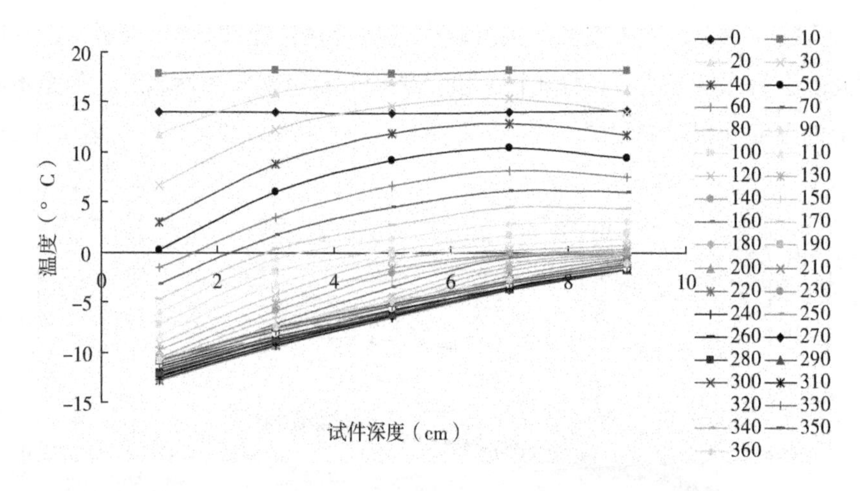

图 5.33　PF0.9 在 75 次冻融过程温度随试件深度变化关系

5.5 本章小结

（1）通过对纤维轻骨料混凝土在开放系统下的冻融循环试验研究发现，在模拟室外环境下的冻融循环较普通标准冻融循环强度损失、质量损失和弹性模量等下降的幅度小，超声波速随冻融循环次数的增加逐渐减小，但减小的幅度较小；在开放系统下冻融后的试件超声波波形随冻融次数的增加逐渐趋于整齐，其中掺入0.9kg/m^{3}纤维的轻骨料混凝土超声波形随冻融次数增加，整齐性发展较好。

（2）纤维轻骨料混凝土冻胀量发育随着冻融次数的增加而表现出波动起伏的增加，波动幅度随着冻结封面的下移呈现出逐渐增大的趋势，并且多次冻融循环后存在一定的残余冻胀位移，随着冻融次数逐渐增加，冻胀量最后趋于稳定，最终近似趋于一个稳定值。

（3）纤维轻骨料混凝土在冻结过程中温度传导的顺畅程度随着冻融循环次数的增加而增加，且层面间温度梯度随着冻融循环次数的增加而逐渐减小。

第6章　结论与展望

6.1　结论

本文以浮石轻骨料作为主线，针对北方地区水工轻骨料混凝土，系统研究了轻骨料混凝土的早期力学性能和粉煤灰掺量对耐久性能的影响，以及对纤维轻骨料混凝土的抗冻性在标准冻融循环和模拟室外环境下冻融循环进行了深入分析，为该类材料的应用提供了重要依据。

1. 本文中制备的轻骨料混凝土不仅具有良好的工作性，而且在严酷苛刻的试验条件下表现出优异的耐久性，尤其适合应用于寒冷地区水工混凝土工程，为我国西部开发和寒冷地区水利基础设施建设中轻骨料混凝土的推广应用提供了技术及理论依据。

2. 本文对轻骨料混凝土的认识研究过程采用循序渐进的试验方法，从早期性能研究到耐久性因素的分析，到进行抗冻性地研究，从多个角度深入研究了轻骨料混凝土作为水工混凝土所涉及的耐久性能。

3. 在早期性能研究中，得到如下结论：

（1）轻骨料混凝土棱柱体试件在单轴受压下的破坏形态为纵向碎裂破坏，其破坏过程时间较长，剪切破坏面上轻骨料完全被剪切破坏，反映出轻骨料混凝土的材质疏松，塑性变形较好，骨料颗粒抗剪切能力较弱。

（2）轻骨料混凝土棱柱体抗压强度与立方体抗压强度比值较普通混凝土略高，其值大致为0.79～0.87；轻骨料混凝土弹性模量较普通混凝土降低了15%～20%左右；轻骨料混凝土的单轴受压应力—应变全曲线的总体形状与普通混凝土相类似，峰值应变与相应的普通混凝土相比明显增大。试配的LC30轻骨料混凝土较其它组能保证较高的强度同时又具有较好的稳定性。

（3）由于轻骨料混凝土自身孔隙率较大，质地较松软，荷载增大时其变形较大，轻骨料混凝土的峰值应变随着混凝土抗压强度和龄期的增加而增加，且 14 天后增加幅度较小。

4. 粉煤灰取代部分水泥导致轻骨料混凝土碱度降低，对抗碳化能力改善较小，但粉煤灰的微集料填充效应在一定程度上能延缓碳化的程度。粉煤灰掺入轻骨料混凝土中，混凝土早期力学性能有所下降：粉煤灰掺量在 30% 以内时，28 天强度的降低率与掺入率基本相当，后期增长率较大；掺量超过 30% 时，强度的下降幅度大，后期强度增长的时间较长，增长的幅度较小。粉煤灰的掺入能有效地改善轻骨料混凝土的抗渗性能，试验研究表明当粉煤灰混凝土抗渗性能最优时，粉煤灰掺量应在 25% ~32% 之间。掺入粉煤灰的轻骨料混凝土抗氯离子能力明显优于未掺粉煤灰的混凝土：当掺量在 50% 以内时，氯离子的渗透能力随粉煤灰掺量的增加呈一定关系的递减趋势；而掺量在 50% ~70% 范围内时，氯离子渗透能力有一定的波动，且随掺量的增加波动性增大。轻骨料混凝土在掺入粉煤灰之后，其 pH 值总体有所降低，但降低的幅度很小，在粉煤灰掺量 70% 时，pH 值仍维持在 12.0 以上。

5. 纤维掺入轻骨料混凝土的强度稳定性较碎石掺入更好，但是碎石的掺入不能有效地提高轻骨料混凝土的抗折性能，且碎石掺量的增加，抗折强度降低。纤维的加入明显地提高了轻骨料混凝土的抗折能力，对轻骨料混凝土强度的提高随纤维的掺入量增加而增加，但增加幅度较小。纤维的加入有效地提高了轻骨料混凝土的强度和韧性，受压破坏时裂缝集中在试件中间部位，且在破坏时掉落较少。

6. 轻骨料混凝土的抗压强度、抗折强度随纤维体积率增加而提高，其抗折性能的提高较为明显。聚丙烯纤维的掺入对轻骨料混凝土受压破坏改观较大，提高了轻骨料混凝土的弹性变形能力，破坏时裂缝由斜对角方向向水平方向改变。碎石轻骨料混凝土破坏时裂缝发育方向与轻骨料混凝土基本类似，从碎石轻骨料混凝土破坏面上看，碎石骨料完好无损，骨料与浆体出现松动。

7. 碎石混掺轻骨料混凝土的抗冻性低于轻骨料混凝土，轻骨料混凝土低于纤维轻骨料混凝土。在经历 200 次冻融循环后，纤维轻骨料混凝土仍能保持较好的形态，质量和强度损失相对较低，其中纤维掺量为 0.9kg/m^3 的轻骨料混凝土性能保持较好，但碎石轻骨料混凝土破坏情况严重。对纤维轻骨料混凝土损伤度的拟合中，多项式拟合和损伤力学方程拟合都具有一定的拟合效果，但损伤力学方程更能反映混凝土结构损伤发展历程，相对而言，损伤力学方程拟合结果较实验结果偏差程度小，更加能反映实际情况。

8. 通过对纤维轻骨料混凝土在开放系统下冻融循环试验研究发现，模拟室外环境下的冻融循环较标准冻融循环的强度损失、质量损失和弹性模量等下降的幅度小，超声波速随冻融循环次数的增加逐渐减小，但减小的幅度较小；在开放系统下冻融后的试件超声波波形随冻融次数的增加逐渐趋于整齐，其中掺量 0.9kg/m^{3}纤维的轻骨料混凝土超声波形随冻融次数增加，波形整齐性发展较好。

9. 纤维轻骨料混凝土冻胀量发育随着冻融次数的增加而表现出波动起伏的增加，波动幅度随着冻结封面的下移呈现出逐渐增大的趋势，并且多次冻融循环后存在一定的残余冻胀位移。随着冻融次数逐渐增加，冻胀量最后趋于稳定，最终近似趋于一个稳定值。根据试验中冻胀量的发育规律，聚丙烯纤维掺入能有效地降低轻骨料混凝土的冻胀力，试验发现纤维掺量 0.9kg/m^{3}的轻骨料混凝土在开放冻融系统下变形协调能力较好。纤维轻骨料混凝土在冻结过程中温度传导的顺畅程度随着冻融循环次数的增加而增加，且层面间温度梯度随着冻融循环次数的增加而逐渐减小。

6.2 进一步开展工作的设想和思路

本文的研究内容涉及了轻骨料混凝土在早期（28 天）的力学性能，粉煤灰对混凝土耐久性能的影响，以及纤维轻骨料混凝土的抗冻性试验研究分析，尤其对不同纤维掺量的轻骨料混凝土的力学性能、耐久性能、冻融后损伤性能等多个方面均进行了深入分析和探讨，对今后该专业的研究和发展奠定了坚实的基础。

在本文试验研究成果的基础上，下一步将考虑建立可描述纤维轻骨料混凝土结构冻融腐蚀的抗冻耐久性模型，解决在特殊环境下纤维轻骨料混凝土的耐久性定量设计，为寒冷地区纤维轻骨料混凝土耐久性的检测和评定提供理论依据。

在进一步对纤维轻骨料混凝土的损伤度进行研究时，鉴于纤维轻骨料混凝土在实际环境中受冻后的结构损伤情况，推导出实际环境下轻骨料混凝土损伤性能描述方程，建立了一种基于损伤尺度概念的新损伤描述模型，这对于研究轻骨料混凝土的破坏机理、冻胀变形的研究等都具有重要价值。

增加对粉煤灰掺入轻骨料混凝土的影响因素的研究，从材料的微观特性和结构方面研究粉煤灰和轻骨料混凝土的结合特性，研究粉煤灰在轻骨料混凝土抗冻性中的工作机理。

下一步将主要针对纤维轻骨料混凝土工作性能进行研究，利用微观方法研究纤维在轻骨料混凝土受冻膨胀过程中的拉拔效应，建立轻骨料混凝土受冻时内部纤维拉拔作用的结构模型。随着其内在的一些规律不断的被科学研究所揭示，将会在未来广阔的工程应用中更好地发挥作用。

参 考 文 献

［1］霍俊芳．纤维轻骨料混凝土力学性能及抗冻性能试验研究［D］，内蒙古农业大学，2007.

［2］龚洛书，刘春圃．混凝土的耐久性及其防护修补．中国建筑工社，1992，4：31-42

［3］赵炜璇．冻融环境下混凝土结构温度场及温度应力分析研究［D］，哈尔滨工业大学硕士学位．2006

［4］吴宏阳．受冻条件下混凝土冻胀应力与温度应力的研究［D］．哈尔滨工业大学硕士学位论文，2006

［5］Holm T A. Lightweight concrete and aggregates［C］. In：Klieger P，Lamond J F，eds. Tests and properties of concrete and concrete-making materials. Detroit：ASTM，1994. 522-532

［6］龚洛书，柳春圃．轻集料混凝土［M］．北京：中国铁道出版社，1996：25

［7］FIP. FIP manual of lightweight aggregate concrete［M］. 2nd edition. London：Surrey University Press，1983

［8］Holm T A，Bermner T W. State-of-the-art report on high-strength，high-durability structural low-density concrete for applications in severe marine environments. 2000. 1-7

［9］韩静云．日本轻集料混凝土的最新进展［C］．见：中国建筑学会建材分会轻集料及轻集料混凝土专业委员会主编．“2002 年全国轻骨料及轻骨料混凝土生产、应用、技术研讨会”论文集．2004. 5-7

［10］罗建林．抗冻混凝土在重复荷载作用下的力学性能研究．哈尔滨工业大学工学硕士论文．2005

［11］丁建彤，郭玉顺，木村薰．结构轻骨料混凝土的现状与发展趋势［J］．混凝土，2000，(12)：23-26

［12］郑晓燕，吴文清，王发国，方从贵，栾焕明．考虑温度自约束应力的圬工拱桥温度应力计算［J］，合肥工业大学学 1999 年 4 期

［13］陆培毅；韩丽君；于勇．基坑支护支撑温度应力的有限元分析［J］，岩土力学 2008 年 5 期

［14］Frank J. Vecchio. Nonlinear Analysis of Reinforced Concrete Frames Subjected to Thermal and Mechanical Loads. ACI Structural Journal，Nov-Dec，1987，492-501

［15］K. van Breugel. Prediction of Temperature Development in Hardening Concrete. Munich，March

1998. Avoidance of Thermal Cracking in Concrete at Early16 Ages. 51-75

[16] M. Emborg. Development of Mechanical Behaviour at Early Ages. Munich, March 1998. Avoidance of Thermal Cracking in Concrete at Early Ages. 76-148

[17] T. Tanabe. Measurement of Thermal Stress In Situ. Munich, March 1998. Avoidance of Thermal Cracking in Concrete at Early Ages. 232-254

[18] S. Bernandec Practical Measures to Avoiding Early Age Thermal Cracking in Concrete Structures. Munich, March 1998. Avoidance of Thermal Cracking in Concrete at Early Ages. 231-314

[19] Yan-zhou Niu, Chuan-lin Tu, Robert YLiang, Shui-wen Zhang. Modeling of Thermaomechanical Damage of Early-age Concrete. Journal of Structural Engineering, 1995, 121 (4): 717-726

[20] W. C. Horden, E. Maatjes, A. C. Berlage. A Computerized Concrete Hardening Control System and its Application in Tunnel Construction. Proc. Immersed Tunnel Techniques Manchester, 1989. pp. 235-248

[21] 朱伯芳．大体积混凝土温度应力与温度控制．北京：中国电力出版社，1998

[22] 朱伯芳．有限单元法原理与应用．北京：中国水利水电出版社，1998：2-10

[23] 朱伯芳．水工结构的温度应力与温度控制．北京：中国电力出版社，1998

[24] 田敬学．大体积混凝土地下结构温度应力场研究．同济大学博士学位论文．上海：同济大学土木工程学院地下建筑与工程系，2002

[25] 王雍，段亚辉，周海蓉．采用等效徐变度研究混凝土温度应力问题．中国农村水利水电，2001.9，81-83

[26] 刘杰．地下室现浇墙板早期温度应力及裂缝发展研究．同济大学硕士学位论文．上海：同济大学，1997

[27] 高勋华．超厚超长钢筋混凝土结构施工温控技术．建筑施工，1987，2：18-35

[28] 张德兴，李美玲．弹性地基板块温度应力半解析元分析．同济大学学报，1992，20 (4)：437-444

[29] 王增春，陈栋，夏明耀．大面积混凝土在变形荷载作用下的应力控制．工程力学，1998

[30] 方义琳，卓家寿．用刚体界面元法分析温度场、温度应力及徐变应力．水利学报，1998，(7)：50-5431

[31] 张德兴．考虑双向限制弹性地基墙板的温度应力计算．同济大学学报．1989，17 (4)：

483 ~ 490

[32] S. Jacobsen, E. J. Sellevold. Frost Salt Scaling and Ice Formation of Concrete: Effect of Curing Temperature and Silica fume on Normal and High Strength Concrete. Freeze-Thaw Durability of Concrete. 1997. 93-106

[33] P. K. 梅泰著．混凝土的结构、性能与材料［M］．祝永年，沈威，陈志源译．上海：同济大学出版社，1991. 152；72-88

[34] 刘巽伯．轻骨料在高性能混凝土中应用的展望［J］．房材与应用，1998，(5)：35.

[35] A. E. 谢依金，水泥混凝土的结构与性能［M］，胡春芝译．北京：中国建筑工业出版社，1984. 261-273

[36] J. C. Maso. 硬化水泥浆体与骨料间粘结［C］．陈志源译．第七届水泥化学会议论文集．北京：中国建筑工业出版社，1980. 593-605

[37] 高建明，董祥，朱亚菲等．活性矿物掺合料对高性能轻集料混凝土物理力学性能的影响［C］．见：范锦忠主编．“第七届全国轻骨料及轻骨料混凝土学术讨论会”暨“第一届海峡两岸轻骨料混凝土产制与应用技术研讨会”论文集．2004. 279-283

[38] 黄承逵．纤维混凝土结构［M］．北京：机械工业出版社，2004. 62-63；83-84

[39] G. H. Findrnegg, A. Schreiber. Freezing and Melting of Water in Ordered NanoPorous Silica Materials. Journal of Colloid and Interface Science. 1995, 171: 92-102

[40] N. V. Churaev, V. D. Sobolev. Disjoining Pressure of Water Films in Frozen Materials. Advances in Colloid and Interface Science. 2002, (96): 231-264

[41] 慕儒，廖昌文，刘加平等．氯化钠，硫酸钠溶液对混凝土抗冻性的影响及机理．硅酸盐学报．2001，29 (6)：523-528

[42] 沈旦申．粉煤灰优质混凝土．上海科学技术出版社．1992：128-145

[43] 高丹盈，塑性混凝土单向受压应力—应变关系的试验研究，水利学报，2009 年 1 期 (82-87)

[44] M. Sandvik, O. E. Gj? rv. Effect of Condensed Silica Fume Strength Development for Silica Fume Concrete. ACI SP-91. 1991, 2: 893-901

[45] M. Sandvik, O. E. Gj? rv. Prediction of Strength Development for Silica Fume Concrete. ACI SP-132. 1992: 987-996

[46] C. Wang, W. H. Dilger. Modelling of the Development of Heat of Hydration in High-Performance Concrete. ACI SP-154. 1995: 473-488

[47] E. Mirambell, J. L. Calmon, A. Aguado. Heat of Hydration in High-Strength -Concrete: Case Study. Proceedings of 3rd International Symposium on theUtilization of HSC, Lillehammer. 1993: 554-561

[48] C. L. Townsend. Control of Temperature Cracking in Mass Concrete. ACI SP-20. 1968: 119-139

[49] S. L. Khayat, P. C. Aitcin. Silica Fume-A Unique Supplementary Cementitious Material. Progress in Cement and Concrete. 1993, 4: 226-265

[50] 王海龙 申向东，轻骨料混凝土早期力学性能的试验研究［J］，硅酸盐通报，2008，5（27），1018-1022

[51] J. E. Cook. Research and Application of High-Strength Concrete, 10, 000 psi Concrete. Concrete International. 1989, 11 (10): 67-75

[52] G. G. Carette, V. M. Malhotra. Long Term Strength Development of Silica Fume Concrete. ACI SP-132. 1992: 1017-1044

[53] Stefan Jacobsen, Jacques Marchand, Hugues Homain. SEM observations of the microstructure of frost deteriorated and self-healed concretes [J]. Cement and Concrete Research, 1995, 25 (8): 1781-1790

[54] 李金玉，曹建国，徐文雨等．混凝土冻融破坏机理的研究［C］．见：曹永康，张树凯主编．混凝土与水泥制品 1997 年学术年会论文集，北京：混凝土与水泥制品编辑部，1997. 58-69

[55] 高丹盈，塑性混凝土单向受压应力—应变关系的试验研究，水利学报，2009 年 1 期（82-87）

[56] 过镇海、关于混凝土的破坏准则_ 破坏形态和纯剪强度的讨论，工程力学，1996（2）（132-142）

[57] 赵霄龙．寒冷地区高性能混凝土耐久性及其评价方法研究［D］．博士学位论文．哈尔滨：哈尔滨工业大学，2001. 65-66

[58] JGJ 138—2001 型钢混凝土组合结构设计和施工规程

[59] 程文，李爱群，张晓峰，等．钢筋混凝土柱的轴压比限值．建筑结构学报，1994（12）

[60] 叶列平．钢骨混凝土柱的轴压力限值．建筑结构学报，1997（5）

[61] 宋小软，张燕坤，粉煤灰陶粒混凝土的弹性模量计算，工业建筑，2006/02

[62] 慕儒，缪昌文，刘加平，孙伟．氯化钠、硫酸钠溶液对混凝土抗冻性的影响及其机理［J］．硅酸盐学报，2001，29（6）：523-529

[63] 刘娟红，宋少民．粉煤灰和磨细矿渣对高强轻骨料混凝土抗渗及抗冻性能的影响［J］．硅酸盐学报.2005，33（4）：529-532

[64] Breton D，Carles-Gibergues A，Ballivy G. Contribution to the Formation Mechanism of the Transition Zone Between Rock-Cement Paste［J］. Cement and Concrete Research，1993，23（2）：335-346

[65] 汪澜．水泥混凝土—组成、性能、应用［M］．北京：中国建材工业出版社，2005. 410-411；34-35

[66] H. S. Muller，K. Rubner. 高性能混凝土的耐久性．冯乃谦，丁建彤，张新华，庄青峰译．北京：科学出版社，1998. 14-16；19-24；44-45

[67] K. L. Scrivener，A. Bentur and P. L. Paratt. Quantitative charac-terization of the transtition zone in high strength concrete［J］. Advances in Cement Res.，1988，1（4）：203-237.

[68] Breton D，Carles-Gibergues A，Ballivy G，et al. Contribution to the Formation Mechanism of the Transition Zone Between Rock-Cement Paste［J］. Cement and Concrete Research，1993，23（2）：335-346

[69] 郑秀华．陶粒吸水返水特性及其对轻集料混凝土结构与性能的影响［D］．博士学位论文．哈尔滨：哈尔滨工业大学，2005.

[70] Shondeep L. Sarkar，Satish Chandra，Leif Berntsson. Inter-dependence of microstructure and strength of structural lightweight aggregate concrete［J］. Concent and Concrete Composites，1992，（14）：239-248

[71] 胡曙光，王发洲，丁庆军．轻集料与水泥石界面结构［J］．硅酸盐学报，2005，33（6）：713-717

[72] 程靳，赵树山．断裂力学［M］．北京：科学出版社，2006. 9；14-16

[73] 张义顺，金祖权，李小雷．混凝土在受压下的破坏机理研究［J］．焦作工学院学报，2002，21（2）：123-126

[74] 谷光平，蔡学勤，江传顺．混凝土的断裂强度计算模型研究［J］．安徽建筑工业学院学报，1999，7（1）：51-54

[75] Kaplan M. F. Crack Propagation and the Fracture of Concrete［J］. J. ACI，1996，58（5）：51-64

[76] A. Hillerborg，M. Modeer，F. E. Petersson. Analysis of Crack Formation and Crack Growth in Concrete by Means of Fracture Mechanics and Finite Elements［J］. Cement and Concrete Re-

search, 1976, 6 (6): 773-782

[77] Jenq Y S and Shah S P. Two parameter fracture model for concrete [J]. Journal Engineering Mechanical, ASCE, 1985, 111 (10): 1227-1241

[78] Karigaloo B L and Nallathambi P. Effective crack for the determination of fracture toughness of concrete [J]. Engineering Fracture Mechanics, 1990, 35 (4/5): 637-645

[79] Xu Shilang and Reinhardt H W. Determination of double-K criterion for crack propagation in quasi-brittle fraxture, PartⅢ: Compact tension specimens and wedge splitting specimens [J]. International Journal of Fracture, 1990, (98): 179-193

[80] 王海龙 申向东，粉煤灰对轻骨料混凝土耐久性影响的试验研究 [J]. 新型建筑材料，2009，4

[81] 封伯昊，张立翔，李桂青. 混凝土损伤研究综述 [J]. 昆明理工大学学报，2001，26 (3)：21-30

[82] 高丹盈. 混凝土单向损伤的应力应变关系 [J]. 混凝土与水泥制品，1994，(4)：14-19

[83] 马继忠，姚崇德. 损伤力学原理在混凝土强度理论中的应用和发展 [J]. 工业建筑，1990，(9)：40-45

[84] J. Mazars, G. Pijaudier-Cabot. Continuum Damage Theory Application to Concrete [J]. J. of Engin. Mechanics, 1989, 115 (2): 345-365

[85] K. E. Loland. Continuum damage model for load response estimation of concrete. Cement and Concrete Research, 1980, 10: 395-402

[86] 余天庆，宁国钧. 损伤理论及其在混凝土结构研究中的应用 [J]. 桥梁建设，1986，(3)：58-71

[87] 蔡四维，蔡敏. 纤维混凝土的损伤理论 [J]. 合肥工业大学学报（自然科学版），2000，23 (1)：73-77

[88] 唐光普，刘西拉. 基于维象损伤观点的混凝土冻害模型研究 [J]. 四川建筑科学研究，2007，33 (3)：138-143

[89] 姚武. 纤维混凝土的低温性能和冻融损伤机理研究 [J]. 冰川冻土，2005，27 (4)：545-549

[90] Robert M. Jones. Mechanics of Composite Materials [J]. Scripta Book Company, 1996. 1-29

[91] 王海龙 申向东，冻融环境下钢纤维对轻骨料混凝土力学性能的影响 [J]，混凝土，2008，8，65-68

[92] 林小松，杨果林．钢纤维高强与超高强混凝土［M］．北京：科学出版社，2002
[93] 耿飞．水泥基材料塑性收缩与干燥收缩研究［D］．硕士学位论文．南京：东南大学，2004
[94] S. P. Shah. Fiber Reinforced Concrete［M］. Handbook of Structural Concrete，1984
[95] 赵若鹏．陶粒混凝土破坏机理的研究［J］．混凝土与水泥制品，1983，(4)：2-4
[96] 刘兰强，曹诚．聚丙烯纤维在混凝土中的阻裂效应研究［J］．公路，2000，(6)：39-42
[97] 董振英，李庆斌．纤维增强复合材料细观力学若干进展［J］．力学进展，2001，31(4)：555-582
[98] 陈志源，林江．高强材料学［M］．上海：同济大学出版社，1994
[99] M. Wecharatana and S. P. Shah. Double Tension Test for Studying Slow Crack Growth of Portland Cement Mortar［J］. Cement and Concrete Research，1980，10（5）：832-844
[100] M. Wecharatana and S. P. Shah. A Model for Predicting Fracture Resistance of Fiber Reinforced Concrete［J］. Cement and Concrete Research，1983，13（6）：819-829
[101] K. Vishalvanich and A. E. Naaman. Fracture Model for Fiber Reinforced Concrete［J］. J. of the ACI，1983，80（2）：128-138
[102] 于骁中，张玉美，郭桂兰等．混凝土断裂能GF［J］．水利学报，1987，(7)：30-37
[103] 吴科如．轻集料混凝土的断裂能［J］．三峡大学学报，2002，24（1）：9-11
[104] 黄煜镔，钱觉时，王智等．钢纤维混凝土断裂性能研究［J］．建筑技术，2002，33(1)：28-29
[105] 蔡敏，蔡四维．混凝土、纤维混凝土的I型断裂［J］．工程力学，1999，16（4）：54-58
[106] 王慧．混凝土及纤维混凝土的断裂分析［J］．合肥工业大学学报，1996，19（4）：64-68
[107] 董毓利，谢和平，李世平．砼受压损伤力学本构模型的研究［J］．工程力学，1996，13（1）：44-53
[108] 何明，符晓陵，徐道远．混凝土的损伤模型［J］．福州大学学报（自然科学版），1994，22（4）：109-114
[109] 张盛东，樊承谋．混凝土受拉损伤本构关系的研究［J］．哈尔滨建筑大学学报，2000，33（1）：68-72
[110] 邓宗才，钱在兹．钢纤维混凝土的弹塑性损伤模型［J］．力学与实践，2000，22

（4）：34-37

［111］高路彬．混凝土变形与损伤的分析［J］．力学进展，1993，23（4）：510-519

［112］Mazars J. A Model of a Unilateral Elastic Damageable Material and its Application to Concrete［C］. Proc. RILEM Int. Conference Fracture Energy of Concrete，Elsevier. NewYork：N. Y. J.，1986：300-306

［113］Gao lubin，Cheng Qingquo. An anisotropic damage constitutive model for concrete and its applications. Applied Mechanics（ed Zheng Zhemin）. International Academic Publishers，1989. 578-583

［114］韩大建．塑性、断裂及损伤在建立混凝土本构模型中的应用．力学与实践，1988，10（1）：7-13

［115］程庆国，高路彬，徐蕴贤等．钢纤维混凝土理论及应用［M］．北京：中国铁道出版社，1999

［116］徐道远，符晓陵，朱为玄等．坝体混凝土损伤—断裂模型［J］．大连理工大学学报，1997，37（增刊1）：1-5

［117］余寿文．断裂损伤与细观力学［J］．力学与实践，1988，10（6）：12-18

［118］孙雅珍，赵颖华．混凝土结构断裂与损伤耦合分析研究进展［J］．沈阳建筑工程学院学报，2001，17（1）：30-33

［119］邓宗才．混凝土Ⅰ型裂缝的损伤断裂判据［J］．岩石力学与工程学报，2003，22（3）：420-424

［120］邓宗才，郑骏杰．混凝土裂缝在拉应变下的损伤与断裂分析［J］．华中理工大学学报，1999，27（2）：49-51

［121］徐世烺，赵国藩．混凝土结构裂缝扩展的双K准则［J］．土木工程学报，1992，25（2）：21-28

附　录

1. 计算机程序：

定义函数：function yy = linefit2(x, y, A)

```
n = length(x);
y = reshape(y, n, 1);
A = A';
yy = A \ y;
yy = yy';
```

编写程序：

```
>> clear
>> x = [0.013042061 0.015215737 0.028257798 0.045647212 0.065210303 0.086947071 0.091294425 0.123899576 0.14128899 0.156504728 0.171720465 0.189109879 0.219541354 0.230409738 0.247799152 0.260841213 0.26953592 0.286925334 0.302141072 0.326051516 0.345614607 0.367351375 0.386914466 0.406477557 0.428214325 0.456472123 0.473861537 0.491250951 0.510814042 0.530377133 0.556461254 0.597761113 0.623845234 0.645582002 0.656450386 0.695576568 0.758613194 0.81512879 0.880339094 0.999891316]
>> y = [0.015929247 0.03546137 0.056738192 0.085107288 0.113476385 0.141845481 0.170214577 0.212768221 0.226952769 0.255321865 0.283690961 0.312060057 0.36879825 0.384401252 0.411351894 0.428373351 0.4425579 0.463834722 0.482274634 0.51348064 0.537594372 0.563126558 0.585821835 0.609935567 0.635467753 0.662418395 0.683695217 0.700716674 0.721993496 0.744688773 0.76738405 0.804263875 0.828377607 0.849654429 0.869512796 0.91206644 0.941853991 0.963130813 0.981570726 1.000010638]
>> A = [x; x.^2; x.^3]
>> yy = linefit2(x, y, A)
```

```
yy =
     1.7837    -0.6109    -0.1657
>> y1 = A1 * yy′
>> plot(x, y,′ * ′)
>> hold on
>> x = [0: 0.01: 1]′
>> plot(x, y1)
```

2. 计算机程序：

多项式拟合程序：

```
>> clear
>> x = [0, 25, 50, 75, 100, 125, 150, 200];
>> y = [0, 0.001, 0.0029, 0.0044, 0.0152, 0.0309, 0.0458, 0.066];
>> p = polyfit(x, y, 4);
>> xi = [0, 25, 50, 75, 100, 125, 150, 200];
>> yi = polyval(p, xi);
>> plot(x, y,′ * ′, xi, yi,′k′)
>> title(′polyfit′);
```

拟合后求解计算值程序：

```
>> clear
>> x = [0, 25, 50, 75, 100, 125, 150, 200];
>> y = [0, 0.001, 0.0029, 0.0044, 0.0152, 0.0309, 0.0458, 0.066];
>> p = polyfit(x, y, 4);
>> xi = [0, 25, 50, 75, 100, 125, 150, 200];
>> yi = polyval(p, xi);
```